T0255976

Computerapplikationen in der Mitteldeutschen Chemieregion – ein historischer Abriss

Bernhard Adler

Computerapplikationen in der Mitteldeutschen Chemieregion – ein historischer Abriss

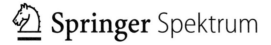

Bernhard Adler
Halle, Deutschland

ISBN 978-3-662-59055-3   ISBN 978-3-662-59056-0   (eBook)
https://doi.org/10.1007/978-3-662-59056-0

Die Deutsche Nationalbibliothek verzeichnet diese Publikation in der Deutschen Nationalbibliografie;
detaillierte bibliografische Daten sind im Internet über http://dnb.d-nb.de abrufbar.

Springer Spektrum

Planung/Lektorat: Stephanie Preuß
Satz: Grit Zacharias

Springer Spektrum ist ein Imprint der eingetragenen Gesellschaft Springer-Verlag GmbH, DE und ist
ein Teil von Springer Nature
Die Anschrift der Gesellschaft ist: Heidelberger Platz 3, 14197 Berlin, Germany

Inhalt

Danksagung

Meinen ehemaligen Mitarbeitern, die die Programme für die Computerapplikationen erstellten und zum Teil auch die Materialien für die Zusammenstellung der vorliegenden Texte lieferten, sei herzlich gedankt. Nur durch ihren unermüdlichen Einsatz war es letztlich möglich, die nachfolgend aufgeführten Themen für die Wirtschaft erfolgreich zu bearbeiten. Es waren:

DC Sven Dobers, Buna-Werke/BSL/Trinseo,
Dr. Bernd Eitner, (ehemaliges) Hydrierwerk Zeitz,
Dr. Annemarie Herrmann, TH Merseburg/Uni Halle,
Dr. Ulf Lenski, Buna-Werke/BSL,
Dr. Eduard Sorkau, TH Merseburg/Uni Halle,
DC Jürgen Will, Buna-Werke/CCC Erlangen,
Dr. Michael Winterstein, Buna-Werke/Fa. Wessling GmbH Oppin,
Dr. Helma Ziesmer, Buna-Werke.

Dem leider bereits verstorbenen Herrn Dr. Rainer Moll vom ehemaligen CKB danke ich für eine mehrjährige, sehr kooperative Zusammenarbeit. Meiner ehemaligen Kommilitonin, Frau Dr. Regina Wegwart, möchte ich für die Überlassung der Unterlagen zu den Leuna-Datenbanken recht herzlich danken.

Prof. Bernhard Adler
Halle, im Februar 2019

1   Einteilung der Computerapplikationen

Der Computereinsatz in der Chemie beginnt in den 60er-Jahren des vergangenen Jahrhunderts mit der numerischen Berechnung von Aufgabenstellungen aus der Physikalischen Chemie und der Quantenchemie. Doch mit wesentlich verbesserten Speichertechniken folgt bereits 10 Jahre später ein weiteres Aufgabengebiet mit dem Aufbau großer, chemieorientierter Datenbanken. Wiederum ein neues Arbeitsfeld entsteht mit der Verarbeitung von figürlichen Gebilden, den Valenzstrichformeln. Alle Computeranwendungen in der Chemie nun aber als Computerchemie zu bezeichnen, wäre weder sachlich noch historisch zutreffend. Vielmehr behandelt die Computerchemie im engeren Sinne jene Computerapplikationen, deren theoretische Grundlagen in der Verknüpfung von Molekülgraphen mit Algorithmen der Informationstheorie liegen. Hierzu gehören u. a. die Aufgabenfelder:

- computergestützte Syntheseplanung,
- Moleküldesign mittels Struktur-Eigenschafts-Relationen,
- chemieorientierte Datenbankprojekte,
- Molekular Modeling bzw.
- der Bau und Betrieb von Simulatoren für chemische Prozesse.

Mit den genannten Tätigkeitsfeldern lassen sich Problemstellungen bearbeiten, die ohne maschinelle Rechentechnik nicht denkbar wären, wie z. B. die Prognose von Wirkeigenschaften von Molekülen aus der Abbildung ihrer Molekülgraphen, die Identifizierung von unbekannten Strukturen durch Fuzzy-Recherchen großer Spektrendateien oder das Simulieren geometrischer Parameter bei Andockvorgängen von Wirkmolekülen an Rezeptorstrukturen für die Pharma- oder Katalyseforschung. Letztgenannte Simulationen bezeichnet man auch als Molekular Modeling. Der Durchbruch gerade dieser Simulationstechniken ergibt sich mit dem Aufkommen einer leistungsstarken Mikrorechentechnik und der damit verbundenen Verarbeitung von figürlichen Darstellungen. Das Bearbeiten von Molekülgraphen stellt eine völlig neue, in der Theoretischen Chemie bisher nicht gekannte Technologie dar.

Bereits im Jahre 1982 gründet sich in der GDCh (Frankfurt/Main) eine eigenständige Fachgruppe für Computeranwendungen in der Chemie, das CIC. Sie besteht bis heute. Im Jahre 1993 nimmt das CCC in Erlangen seine Arbeit auf. Schon im Jahre 1965 beginnt man in Akademgorodok bei Nowosibirsk in Sibirien mit dem Aufbau des NIZ im dortigen Organischen Institut. Forschungsschwerpunkt im Informationszentrum bildet zunächst die computergestützte Strukturermittlung aus spektroskopischen Daten. Im Herbst 1983 findet anlässlich einer Tagung zu Computeranwendungen in der Chemie in diesem Informationszentrum die erste, recht beeindruckende Simulationsvorführung zur

© Springer-Verlag GmbH Deutschland, ein Teil von Springer Nature 2019
B. Adler, *Computerapplikationen in der Mitteldeutschen Chemieregion – ein historischer Abriss*, https://doi.org/10.1007/978-3-662-59056-0_1

Modellierung von Pharmaka statt. Es sollen Kombinationspharmaka gegen Lungenent-
zündung für Patienten entwickelt werden, die zugleich an weiteren Krankheiten wie z. B.
Diabetes oder Bluthochdruck leiden. Basis für diese Simulationen bilden Manipulationen
an Molekülgraphen in Verbindung mit der Recherche von Pharmadatenbanken.

Tab. 1.1: Computerapplikationen in der Chemie

Arbeitsrichtung	Synonyme/ Übersetzungen	Methoden	Anwendungen
1	2	3	4
[1] Physikalische Chemie		numerische Operationen	Stoffsysteme
		thermophysikalische Datenbanken	Stoffe, Stoffgemenge
		quantenchemische Berechnungen	einzelne Stoffe
[2] Computerchemie	Chemoinformatik/ chemoinformatics	Syntheseplanung	einzelne Stoffe
		Struktur-Wirkungs-Studien	
		Datenbankrecherchen	
		Strukturgenerierung	
		Molecular Modeling	Stoffensemble
[3] Chemometrie	Chemometrik/ chemometric	statistische Berechnungen	Validierung von Messdaten, Versuchsplanung
		Sensor-Mikrorechner-Kopplungen	Datenerfassung, Prozessüberwachung
		Mustererkennung	Informationsverdichtung

Mit der Gründung oben genannter Institutionen hatte sich also die Eigenständigkeit neuer
Arbeitsrichtungen in der Theoretischen Chemie etabliert. Computerchemie, im englischen Sprachraum als chemoinformatics bezeichnet, ist der griffige Name für Daten, die
aus Molekülgraphen generiert werden, Chemometrie die Bezeichnung für die Computer-
verarbeitung gemessener Daten. Ein Chronist der 80er-Jahre schreibt: „Allein die Breite
der Anwendungen zeigt, dass es gerechtfertigt ist, nicht nur von einem Computereinsatz
in der Chemie, sondern von einer Computerchemie als einer sich selbstständig entwi-
ckelnden Disziplin mit eigenen Methoden, eigenen Inhalten und eigenständigen Erkenntnissen zu sprechen" [1.1].
    Speziell zur mathematischen Behandlung von analytischen Messdaten gründet man in
der Chemischen Gesellschaft der DDR im Herbst 1985 die Fachgruppe für Chemometrie. In der Anwendung bestimmter mathematischer Algorithmen weisen Computerchemie und Chemometrie gewisse Gemeinsamkeiten auf, u. a. bei der Nutzung von Muster-

erkennungsverfahren zur Informationsverdichtung (Tab. 1.1, Spalte 3) [1.2]. In der Herkunft der Daten unterscheiden sich beide Arbeitsgebiete. In der Chemometrie verarbeitet man gemessene Daten aus analytischen, meist spektroskopischen Prozessen. In der Computerchemie erzeugt man die Datenbasis durch Simulationen aus Molekülgraphen. Ein weiteres Unterscheidungsmerkmal zwischen beiden Arbeitsrichtungen ist natürlich der Applikationszweck der Simulationen: Die Chemometrie bearbeitet analytische Fragestellungen, die Computerchemie Probleme der Synthesechemie.

Diffiziler gestaltet sich die Einordnung der Quantenchemie. Historisch betrachtet gehört die Quantenchemie ursprünglich zur Physikalischen Chemie (Tab. 1.1, Spalte 3). Doch im Jahre 1964 gelingt es H. Sachs, HMO-Werte aromatischer Strukturen graphentheoretisch durch Bildung von Subgraphen, den später nach ihrem Entdecker genannten Sachsgraphen, darzustellen. Damit ist es möglich, ohne Eigenwertberechnungen Energiewerte aus figürlichen Darstellungen zu generieren [1.3]. HMO-Werte bilden zudem in der Computerchemie bei SER-Studien aromatischer Strukturen nicht selten die prägenden Wirkparameter. In jüngster Zeit beobachtet man eine Einordnung der Quantenchemie in die Computerchemie [1.4]. Es gibt also zweifelsohne zwischen den genannten Arbeitsrichtungen, was den Methodeneinsatz anbetrifft, einige Überschneidungen. Entscheidend für die Einordnung in eine der genannten Arbeitsgebiete ist der Applikationszweck. Die zufällig gewählte Zugehörigkeit eines Software-Anwenders zu einer der oben genannten Fachgruppen beeinflusst zudem das Simulationsergebnis nicht. Man muss vielmehr unter ökonomischer Prämisse interessiert sein, vorhandene Software-Tools multivariat zu nutzen, eigentlich mit der Software genauso wie mit vielen klassischen Laborgeräten umgehen. Das Gerät „Waage", historisch zwar für die Analytische Chemie entwickelt, nutzt man sinnvoller Weise auch in den Fachrichtungen der Physikalischen oder Organischen Chemie.

Im vorliegenden Buch werden sowohl die für die Computerchemie typischen handwerklichen Tätigkeiten wie die Eingabe der Valenzstrichformel, ihre Parameterisierung, der Umgang mit Datenbanken sowie die Organisation der Recherchen, die Informationsgewinnung mittels Mustererkennungsverfahren bzw. durch Neuronale Netze skizziert als auch ausgewählte Computerapplikationen zur Herstellung chemischer Produkte. Zum letztgenannten Applikationsbereich gehören u. a. die Entwicklung einer multivariaten Zustandsanalytik zur Prozessüberwachung, das Aquittanceprinzip zur fehlerfreien Prozessführung (Tab. 1.1, Zeile 3) oder ganz allgemein Applikationen, die auf einer direkten Kopplung von Messgeräten oder Sensoren mit Mikroprozessoren bzw. Mikrorechnern basieren. Schwerpunkt der Ausführungen bilden repräsentative Computerapplikationen aus den Chemiewerken: CKB, den Werken Buna und Leuna, der ORWO-Magnetbandfabrik in Dessau sowie dem Hydrierwerk Zeitz. Bei den dargestellten Problemen steht die Wirkung des Computereinsatzes im Produktionsprozess zur Diskussion. Episoden aus dem Berufsleben bilden das soziale Umfeld jener Jahre ab, zeigen die Mühen und Schwierigkeiten bei der Einführung der neuen Technologien.

Literatur

[1.1] R. Moll, P. Kemter, U. Lindner, D. Schönfelder, A. Weise: CASAF – ein integriertes CAD-System. Chem. Techn. **40** (1987) S. 33–35

[1.2] K. Danzer et al.: Chemometrik – Grundlagen und Anwendungen. Springer Verlag Berlin (2001) S. 291–3

[1.3] H. Sachs: Beziehungen zwischen den in einem Graphen enthaltenen Kreisen und seinem charakteristischen Polynom. Publ. Math. Debrecen **11** (1964) S. 119–134

[1.4] B. Hartke: Einführung in die Computerchemie. 2. Auflage Kiel (2013)

2 Die Valenzstrichformel und ihre rechnergerechte Darstellung

2.1 Eingabeeinheit für Valenzstrichformeln für den KC 85/2

Anfangs steht das Operieren mit Molekülgraphen in der Computerchemie vor einer technischen Hürde. Niemand weiß, wie man in der Rechnerebene mit Figuren operieren kann und vor allem, wie diese Figuren überhaupt in den Rechner zu portieren sind. Heute ist die letztgenannte Aufgabe softwaremäßig relativ einfach gelöst. Aus abgespeicherten Teilstrukturen setzt man mit der Software des ChemWindow®-Systems in der Bildschirmebene den gewünschten Molekülgraphen zusammen [2.1]. Mit der Installation der ChemWindow®-Software hatte sich das Problem der figürlichen Verarbeitung chemischer Formeln auf leistungsstarke 16-Bit-Rechner von selbst gelöst (Abb. 2.1).

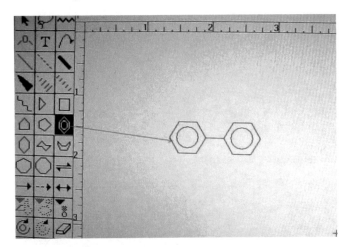

Abb. 2.1: Formeleingabe bei ChemWindow®, links Ausschnitt aus dem Eingabemenu, rechts konstruierte Formel für Biphenyl

Und das ChemWindow®-Projekt liefert immer neue verbesserte, heute auch räumliche Darstellungsvarianten [2.2]. Doch damals existiert weder eine solche Software noch verfügen die PC über ausreichenden Speicherplatz, um mit dieser Technologie überhaupt arbeiten zu können. Also wendet man einen Hardware-Trick an. Eine auf einem Formblatt vorgezeichnete Figur wird über ein elektronisches Rasterbrett abgetastet und in die Rechnerebene portiert. Solche Eingabeeinheiten werden ab 1985 an der damaligen **THLM** im Eigenbau gefertigt. Die nachfolgend aufgeführte Hardware-Lösung stellt also lediglich eine historische Betrachtung jener in den 80er-Jahren des vorigen Jahrhunderts

© Springer-Verlag GmbH Deutschland, ein Teil von Springer Nature 2019
B. Adler, *Computerapplikationen in der Mitteldeutschen Chemieregion – ein historischer Abriss*, https://doi.org/10.1007/978-3-662-59056-0_2

benutzten Eingabetechnik dar. Die Eingabeeinheit basiert auf einem Mikrorechner Typ KC 85/4 (Tab. 9.2, Zeile 1) und einem elektronischen Rasterfeld zur Verarbeitung von Valenzstrichformeln [2.3, 2.4]. Das Feld besteht aus einem Gitter exakt planparallel gespannter Kupferdrähte, die in einer Epoxidharzschicht fixiert sind. Mit den vereinbarten chemischen Symbolen und Sonderzeichen zur Darstellung der Bindungen wird der vorgezeichnete Molekülgraph in die Rechnerebene gebracht und auf dem Monitor zur Kontrolle angezeigt (Abb. 2.2). Rechnerintern erfolgt sofort eine speicherplatzsparende Darstellung in einer kantenorientierten Liste (Abb. 2.2, unten bei c). Diese Kompaktdarstellung ließ sich in andere adäquate topologische Abbildungen konvertieren [2.10].

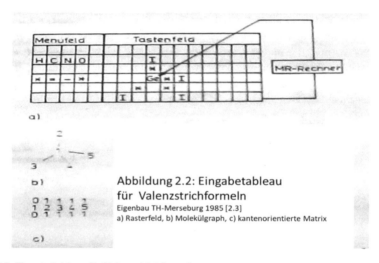

Abbildung 2.2: Eingabetableau für Valenzstrichformeln
Eigenbau TH-Merseburg 1985 [2.3]
a) Rasterfeld, b) Molekülgraph, c) kantenorientierte Matrix

Abb. 2.2: Eingabetableau für Valenzstrichformeln

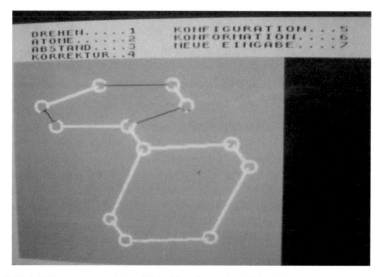

Abb. 2.3: Molekülbewegungen in der Bildschirmebene des KC 85/2 (Originalbild von 1986)

Die Merseburger Eingabetechnik ähnelte jener, die im System „Graf" für die Formelein-gabe der Strukturfiles im NIZ in Akademgorodok betrieben wurde [2.5]. Während das System Graf für relativ große, typisch organische Moleküle konzipiert war, behandelte die Merseburger Eingabeeinheit kleine Moleküle, aber mit beliebigen Schweratomen zur Darstellung anorganischer oder elementorganischer Strukturen. Und diese Strukturen konnte man bewegen, sowohl das gesamte Molekül als auch einzelne Molekülteile ge-geneinander (Abb. 2.3). Dabei ließen sich die räumlichen Abstände zwischen den Mole-külteilen bestimmen, in kristallographischen Darstellungen Schnitte durch die Gitterebe-nen legen und die Millerschen Indices ableiten. Gerade die Bildschirmabbildungen der Kristallstrukturen und das Legen der Schnitte stellten gegenüber den damals gebräuchli-chen Kristalldarstellungen einen bisher nicht gekannten didaktischen Gewinn dar.

2.2   Topologische Parameter zum Moleküldesign

Bestimmte chemisch-physikalische Eigenschaften, aber auch pharmakologische Wirkun-gen lassen sich auf Mengen von Subgraphen zurückführen. Den Zusammenhang zwi-schen Subgraphen einerseits und den Wirkungen andererseits formuliert erstmals Ran-dic' mit der Korrelation von Siedepunkten bei aliphatischen Kohlenwasserstoffen bzw. Kier und Hall für pharmakologische Wirkungen bereits Ende der 70er-Jahre des 20. Jahrhunderts [2.6, 5.1]. Doch was sind eigentlich Subgraphen und wie werden sie gebildet?

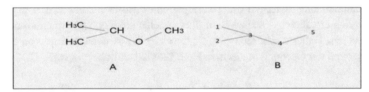

Abb. 2.4: Subgraphenbildung am Beispiel des Isopropyl-methylethers. A Valenzstrichformel, B Molekülgraph mit Knotennotation

Abb. 2.5: Auswahl von Subgraphen vom Typ: Weg und Cluster in einem Kohlenstoffgerüst

Unter Subgraphen versteht man graphentheoretische Gebilde wie Wege, Cluster oder Ringe, die die Skelettatome bilden können. Alle H-Atome werden aus der Valenzstrich-formel als Ballast entfernt (Abb. 2.4 und Abb. 2.5).

Die Valenzwerte δ der Skelettatome ergeben sich dann zu:

$$\delta = Gr - Z_H + Z_E$$

Gl. 2-1

mit:
Gr Gruppennummer des Skelettatoms,
Z_H Zahl der H-Atome,
Z_E Zahl der Elektronen an einem Heteroatom.

Tab. 2.1: δ-Werte von Skelettatomen nach Kier und Hall [2.6]

Skelettatom	δ	Skelettatom	δ	Skelettatom	δ
NH_4^+	1	>N< /	6	F	20)[1]
NH_3	2	-S-	0.944)[1]	Cl	0,69)[1]
$-NH_2$	3	>S< /	3,58)[1]	Br	0,254)[1]
-NH-	4	H_3O^+	3	I	0,085)[1]
-N<	5	-OH	5	-O-	6

)[1] Werte durch Korrektur mit den Molrefraktionen

Der Zusammenhang zwischen der Topologie eines Moleküls und seinen Eigenschaften kann mit den erwähnten Valenzwerten über sogenannte Konnektivitätsfunktionen abgebildet werden. Dabei ergibt sich eine Eigenschaft E aus einer Menge von Substruktur vom Typ t und der Ordnung m aus dem Konnektivitätsindices $^m\chi_t$ gemäß Gl. 2-2 zu:

$$E_\chi = b_0 + \sum_{m,t} * b_{t(m)} * {}^m\chi_t$$

Gl. 2-2

Der Typ t kann ein Weg (t = 1), ein Cluster (t = 2) oder ein Ring (t > 3) sein. Die Ordnung m ergibt sich aus den Produkten der δ-Werte der Skelettatome gemäß Tab. 2.1 zu:

$$\chi_i = \sum \prod \delta^{-1/2}$$

Gl. 2-3

wobei über alle denkbaren Subgraphen eines bestimmten Types t summiert werden muss. Explizit erhält man z. B. den Konnektivitäswert eines Weges über zwei Bindungen, also der 2. Ordnung, zu:

$$^2\chi = \sum (\delta_i * \delta_j * \delta_q)^{-1/2}$$

Gl. 2-3.1

Der Konnektivitätsindex $^0\chi$ stellt die Summe über alle Skelettatome, der Konnektivitätsindex $^1\chi$ die Summe über alle Bindungen dar.

Die Konnektivitätsparameter lassen sich zu elektrotopologischen Indices erweitern [2.8]. Solche Parameter bilden dann sowohl die Geometrie als auch die Landungsverteilung im Molekül ab.

Eine weitere, rein topologische Eigenschaft von Molekülen erschließt sich aus der Graphenmetrik [2.7]. Die Graphenmetrik charakterisiert ausgesuchte Knoteneigenschaften im Molekül, aber auch die Figur des Gesamtmoleküls. Es lassen sich insgesamt 19 Parameter ableiten. Zu ihnen gehören u. a. die Exzentrizität der einzelnen Knoten (Skelettatome) und die des Gesamtmoleküls, der graphentheoretische Radius des Moleküls, Distanzen von Knoten und des Graphen sowie Abweichungsmaße. So berechnet sich z. B. die Knotenexzentrizität eines Skelettatoms aus dem Maximum aller denkbaren Distanzwerte zu:

$$e(v) = \max d(u, v)$$

Gl. 2-4

der Radius des Graphen r(g) ergibt sich umgekehrt aus dem Minimum aller Knotenexzentrizitäten zu:

$$r(g) = \min e(v)$$

Gl. 2-5

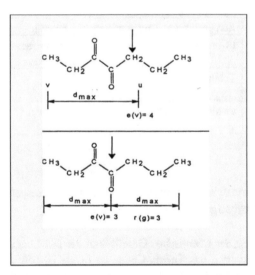

Abb. 2.6: Zwei Parameter der Graphenmetrik, oben Knotenexzentrität einer CH₂-Gruppe, unten Graphenradius des Gesamtmoleküls

Gl. 2-4 beschreibt eine Eigenschaft eines ausgesuchten Skelettatoms, Gl. 2-5 die des Gesamtmoleküls (Abb. 2.6). Auf die Praktikabilität graphentheoretischer Parameter, aber auch auf die Grenzen der Metrikabbildung wird in der Mutagenitätsstudie von Safrolderivaten verwiesen [2.9]. Allein mit graphentheoretischen Merkmalen lassen sich z. B. Strukturisomere unterschiedlicher Mutagenität mitunter nicht unterscheiden.

Zum Moleküldesign mittels Mustererkennungsverfahren erweitert man die Parametersätze aus den χ-Werten oder der Graphenmetrik, die ja im Wesentlichen geometrische Parameter darstellen, mit zusätzlichen energetischen Größen. Sie lassen sich im Falle von Aromaten z. B. über eine HMO-Rechnung gewinnen. Alle simulierten Parameter werden zu sogenannten Deskriptoren bzw. Kombinationsdeskriptoren zusammengefasst. Bei diesen Deskriptoren handelt es sich um d-dimensionale Vektoren. Sie bilden die Eingangsparameter für Klassifizierungen, u. a. die Eingabeschichten für Neuronale Netze (Kap. 4.1.3):

$$\vec{x} = (x_1, x_2, \dots x_d)$$

Gl. 2-6

x_i (Konnektivitätsparameter, Energiewerte, Parameter der Graphenmetrik, Trägheitsmomente, …)

Tab. 2.2: Parameter für Deskriptoren

	Abbildung	Parameter	Anwendung	Literatur
1	Energie	DHMO-Werte, ^{13}C-NMR-Verschiebungen	**PAK**	[2.7]
2	Geometrie	Konnektivitäten, Graphenmetrik	beliebig	[2.9]
3	biochemische Reaktivität	IR-Wellenzahlen	Biodegradation von Polyestern	[5.13]
4	Migration, aktiver Transport	Trägheitsmomente	PAK	[5.9]
5	Energie und Geometrie	Elektrotopologische Indices	beliebig	[2.8]

2.3   Computervorführung zur Hauptjahrestagung der GDCh 1985 in Leipzig

Die Hauptjahrestagung der Chemischen Gesellschaft der DDR hatte im Dezember 1985 in Leipzig als Hauptvortag das Thema Computerchemie auf die Agenda gesetzt. Der Vortrag fand im damaligen Lichtspieltheater Capitol in der Petersstraße statt und sollte mit einer Rechnerdemonstration beginnen. Schon beim Geräteaufbau und Hochfahren der PC-Rechner umlagerte uns eine Menge von Interessenten, stellte pausenlos Fragen. Als Testbild diente unser Logo mit den zwei sich gegeneinander drehenden Benzenringen des Biphenylmoleküls (Abb. 2.2).

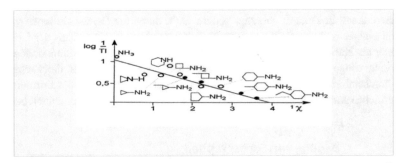

Abb. 2.7: Karzinostatische Wirkung von Pt-Komplexen. ○ **experimentelle Werte [2.8],** ● **simulierte Werte [2.9]**

Die Bewegung der Struktur in der Bildschirmebene erzeugte allgemeines Erstaunen. Im Vortrag selbst erfolgte stufenweise eine Formeleingabe, dann die Berechnung der Konnektivitätsindices, wie unter Kap. 2.2 beschrieben, und schließlich daraus die Berechnung für Karzinostatika, die TI-Werte für Pt-N-Komplexe, wie in Abb. 2.7 dargestellt. Als erster Diskussionsredner stellte ein Kollege aus dem Rostocker Katalyseinstitut einige technische Fragen zum Speicherplatzbedarf und zum Simulationsaufwand. Es waren die damals üblichen Fragen eines interessierten Laien, was die Rechentechnik betraf. Dann trat als zweiter Diskussionsredner ein älterer Synthesechemiker der MLU Halle auf. Obwohl ähnliche wie die im Vortrag gezeigten Struktur-Eigenschafts-Relationen bei Pharmafirmen in Kalifornien und in Riga bereits seit mehreren Jahren zum Stand der Technik gehörten, also allgemein in der Pharmaforschung eingesetzt wurden, behauptete der Diskussionsredner die prinzipielle Unmöglichkeit solcher Computersimulationen. Sein wortreicher Zerriss endete mit den Worten: „Das, was Sie hier vorgetragen haben, nenne ich eine göttliche Anmaßung". Weiter kam er mit seiner Gegendarstellung nicht, denn er wurde durch einen ziemlich hässlichen, aber sehr lauten und zutreffenden Zwischenruf eines anderen Zuhörers abrupt unterbrochen. Krachend fielen die Worte in den Raum: „Setz dich hin, deine Zeit ist abgelaufen." Ein derartiger Zwischenruf war damals völlig unüblich und gegen jede Etikette. Und ehe der Diskussionsredner aus Halle sich zu einer Erwiderung durchringen konnte, prasselten von den hinteren Sitzreihen weitere Schmähungen auf ihn ein. Der Versammlungsleiter sah sich außerstande, die Ordnung wiederherzustellen. Er versuchte verzweifelt mit dem Ruf: „Die Diskussion ist zu Ende", sich Gehör zu verschaffen. Doch die Masse war so wütend über den hässlichen Diskussionsbeitrag. dass sie mehrere Minuten weiter lauthals ihrem Unmut Luft machte. Während die Redeschlacht noch tobte, wurde die Technik schnell abgebaut, denn an eine fachliche Diskussion war in diesem Zuhörerkreis ohnehin nicht mehr zu denken. Doch warum hatte der Kollege aus Halle so unkollegial gehandelt? Man kann zwei Gründe für sein „Ausrasten" vermuten. Der eine Grund lag sicherlich darin, dass die Synthesechemiker die Entwicklungen in der Computerchemie zu jener Zeit viel zu spät wahrgenommen hatten. Der zweite Grund spiegelt das damalige Verhältnis zwischen Synthesechemikern und Analytikern wider. Ausgerechnet ein Analytiker, den man als spektroskopischen „Messknecht" eigentlich nur dann zur Kenntnis nahm, wenn reparaturbedingt ein Spektrometer zeitweilig ausfiel, hatte es gewagt zu zeigen, wie moderne

Syntheseplanung in Zukunft ablaufen könnte. D. h. durch die Demonstrationen war die Eitelkeit einiger Synthesechemiker empfindlich beschädigt worden. Dass der Diskussionsredner aus Halle in Wirklichkeit großes Interesse an den Computersimulationen hatte, zeigte sich einige Zeit später. Da versuchte einer seiner Mitarbeiter die Fachgruppe Computerchemie in der CG zu etablieren und warb um Mitarbeit. Mit der Erinnerung an die „göttlichen Anmaßungen" war die Kontaktaufnahme allerdings ganz schnell beendet.

2.4   Bildung von Sachsgraphen

Unter DHMO-Werten versteht man die Differenz zwischen dem höchst besetzten Molekülorbital, **HOMO**-Potenzial genannt, und dem tiefsten unbesetzten Molekülorbital, **LUMO**-Potenzial genannt, (Abb. 2.8, linke Seite). Solche Energiedifferenzen in aromatischen Strukturen, auch als **DHMO**-Werte bezeichnet, dienen mitunter als Parameter zur Energieabbildung bei **SER**-Studien. Die wissenschaftliche Begründung für die Auswahl der Energiewerte beschränkt sich streng genommen auf den Sonderfall, dass es zu einem ct-Komplex zwischen Targetmolekül und Akzeptoroberfläche beim Andocken eines Pharmakons an einem Rezeptor kommt. In Abb. 2.8 (rechte Seite) ist ein derartiger Übergang dargestellt. Voraussetzung für das Zustandekommen eines ct-Überganges ist, dass das LUMO des Donators energetisch über dem LUMO des Akzeptors liegt.

Zur rechnergestützten Abbildung der Energiewerte kann man auf das graphentheoretische Theorem von *Sachs* [1.3] zurückgreifen. Mit diesem Theorem lassen sich aus der Art und Menge spezieller Subgraphen, den sogenannten Sachsgraphen, die Koeffizienten jener Säkulargleichung ermitteln, die für die HMO-Rechnung benötigt werden.

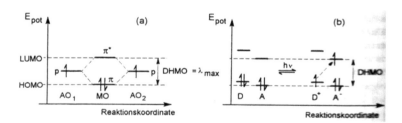

Abb. 2.8: Definition des DHMO-Wertes (links) und ct-Komplex (rechts)

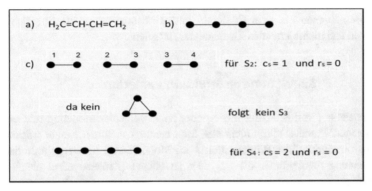

Abb. 2.9: Sachsgraphenbildung am Beispiel Butadien

Unter Sachsgraphen versteht man Kanten und Ringe definierter Knotenmengen, jedoch keine einzelnen Knoten. Die Koeffizienten für das Polynom ergeben sich zu:

$$a_i = \sum (-1)_s^c \, 2_s^r$$

Gl. 2-7

mit:
c_s Anzahl der Komponenten im S,
r_s Zahl der cyclischen Komponenten,
$S \in S_n$ und S_n Mengen der Sachsgraphen mit n Knoten.

Definitionsgemäß sind $a_0 = 1$ und $a_1 = 0$, da S_1 eine leere Menge ist. Mit Gl. 2-8 ergibt sich z. B. für den Molekülgraphen des Butadiens das Polynom:

$$P(\lambda) = a_4\lambda^4 + a_3\lambda^3 + a_2\lambda^2 + a_1\lambda + a_0 = 0$$

Gl. 2-8

was sich mit den Koeffizienten nach Gl. 2-8:

$a_0 = 1$, $a_1 = 0$, $a_2 = 3 \, (-1)^1 \cdot 2^0$, $a_3 = 0$ und $a_4 = (-1)^2 \cdot 2^0$

zum Polynom

$$P(\lambda) = \lambda^4 - 3\lambda^2 + 1$$

Gl. 2-9

mit den Wurzeln

$$\lambda_{1,2,3} = \pm(1 \pm \sqrt{5})/2$$

Gl. 2–9.1

umformen lässt.

Hieraus erhält man mit dem Coulomb- und Resonanzintegral die Energieniveaus der bindenden und nichtbindenden Zustände des Butadiens.

2.5   Simulation von Strukturparametern

Zur Berechnung von Molekülspektren oder zum Molecular Modeling reichen graphentheoretische Parameter allein nicht aus. Man benötigt vielmehr exakte Angaben zu den Bindungsabständen oder Bindungstärken im Molekül. Als Eingangsgröße der Parameterberechnung dient immer die aus dem jeweiligen Elementsymbol abgeleitete Ordnungszahl.

Tab. 2.3: Molekülparameter für Simulationsaufgaben

Parameter	Applikation	Beschreibung
[1] Bindungsabstand	Simulation der Bindungsstärke	Kap. 2.5
	molecular modeling	Kap. 7.4
[2] Bindungsstärke	Simulation für **IR**- und **Raman**spektren	Kap. 7.3
	(Syntheseplanung)	Kap. 8.3
[3] Elektronegativität	Syntheseplanung	Kap. 8.3

So ergibt sich der Abstand kovalenter Bindungen der Atome A und B r_{A-B} über die sogenannte *Schomaker*-Korrektur aus den Atomradien r_A und r_B sowie den Elektronegativitäten γ_a bzw. y_B. zu:

$$r_{A-B} = r_A + r_B - 9/\gamma_A - \gamma_B$$

Gl. 2-10

wobei die Elektronegativitäten der Elemente γ_A und γ_B Umfeld korrigiert werden können [2.10].

Die Stärke einer Bindung f_{AB} lässt sich einmal mit der *Siebert*schen Formel aus den Gruppennummern, Gr_A bzw. Gr_B der Elemente A und B, sowie ihrer Periodennummern P_A und P_B im Periodensystem ermitteln:

$$f_{AB} = 7{,}2 * (Gr_A * Gr_B)/P_A^3 * P_B^3) * 6/(Ep + 6)$$

Gl. 2-11

mit:
Ep Zahl der Elektronenpaare,

wobei der rechte Term, die *Goubeau*-Korrektur, die Wirkung der freien Elektronenpaare an beiden Atomen als Summe beschreibt. Zum anderen kann man die Bindungsstärken über die *Gordy*-Formel [2.11] aus den Elektronegativitäten γ_A und γ_B, der Bindungsordnung N_{AB} und dem Bindungsabstand r_{AB} ableiten:

$$f_{AB} = C_1 * N_{AB}(\chi_A * \chi_B / d_{AB}^2)^{3/4} + C_2$$

Gl. 2-12

mit:

χ_A, χ_B inhärente Elektronegativitäten der Atome A und B,
d_{AB} Bindungsabstand zwischen den Atomen A und B,
N_{AB} ganzzahlige Bindungsordnung für die A-B-Bindung und
C_i *Gordy*-Konstanten mit $C_2 \ll C_1 = 1{,}67$,

wobei die empirischen Konstanten, von Ausnahmen abgesehen, $c_1 = 1{,}67$, $c_2 = 0.3$ betragen. Die *Siebert*sche Formel bietet für schwere Atome Vorteile, die Gordy-Formel wendet man allgemein für Elemente der 1. bis 3. Periode an.

Auf die Simulation von Winkeln auf der Basis des **VSEPR**-Models wird in Kap. 7 bei der Beschreibung des IR-Raman-Simulators näher eingegangen.

Tab. 2.4: Simulation von Bindungsabständen aus Ordnungszahlen OZ [2.12]

[1] chem. Symbol	C	N	O	Co	Cu	Zn	Cl	Br	I
[2] OZ	6	7	8	27	29	30	17	35	53
[3] Radius simuliert	77)[1]	74	74	125	128	137	99	114	133
[4] Radius experim.	77	74	74	123	130	137	100	114	133
[5] Dif. /3-4/	0	0	0	2	2	0	1	0	0

)[1] Radien in pm

Literatur

[2.1] ChemWindow® Software Review. In: J. Liquid Chromatography Vol. **15** Issue 14 (1992)

[2.2] A. A. Evans: History of the Havard Chem Draw Project. In: Angew. Chemie International Edition **53** (2014) S. 11145

[2.3] B. Adler et al.: CAD/CAM-Technologie zur Simulation von Molekülspektren im Echtzeitbetrieb. Z. Chem. **26** (1986) S. 157–165

[2.4] B. Adler: Computerchemie – eine Einführung. 2. Auflage DVG Leipzig (1991) S. 87

[2.5] V. A. Koptjug: Some Aspects of Computerized Processing of Structural and Graphical Information ... In: Computer Applications in Chemical Research and Education. Hüthing Heidelberg (1988) S. 368–369

[2.6] L. B. Kier, L. M. Hall: Molecular Connectivity in Chemistry and Drug Research. In: Medical Chemistry Vol. **14** Academic Press (1976)

[2.7] B. Adler, A. Oppelt: Computerchemie. Chem. Techn. **40** (1988) S. 28–32

[2.8] L. H. Hall, B. Mohney, L. B. Kier: The Electrotopological State. J. Chem. Inform. Comput. Sci. **31** (1991) 76–82

[2.9] B. Adler, M. Winterstein: Charakterisierung von Moleküleigenschaften mittels Mustererkennungsverfahren. In: Chemie und Informatik, Hrsg. B. Koppenhoefer/U. Epperlein. Shaker Verlag Aachen (1997) S. 105–109

[2.10] siehe [2.4] S. 17

[2.11] W. Gordy, W. J. Orville-Thomas. Electronegativities oft he Elements. J. chem. Phys. **24** (1956) S. 439

3   Datenbanken

In der Chemie werden etwa ab Mitte der 60er-Jahre die ersten Datenbanken für **NMR-, MS-, IR-** oder **UV/VIS**-Spektren aufgebaut. Sie wachsen schnell von 10^3 auf 10^6 Spektren pro Analysenmethode an. Wirklich produktiv lässt sich in der Strukturaufklärung aber mit diesen Datenbanken erst arbeiten, als es gelingt, die spektralen Informationen mit den Strukturen zu verknüpfen. Etwas später entstehen die Datenbanken mit abgespeichertem Wissen zum Aufbau der rechnergestützten Syntheseplanung. Datenbanken für die Syntheseplanung und die Spektrendateien unterscheiden sich gravierend in den Recherchestrategien. Für die Syntheseplanung speichert man bibliografische Fakten ab. Ihre Abfrage erfolgt relativ einfach durch Vergleich von alphanumerischen Zeichen. Doch diese Technologie versagte bei den faktographischen Daten der Spektrendateien, die aus fehlerbehafteten Messdaten bestehen. Erst als man auf der Basis der **Fuzzy-Set-Theorie** unscharf recherchieren kann, lassen sich bei der faktographischen Recherche ballastarme, brauchbare Ergebnisse erzielen.

3.1   Spektrenrecherche

3.1.1   Das Rotlichtheim im Naumburger Blütengrund

Die **Buna-Werke** unterhielten bis 1990 im Blütengrund bei Naumburg ein Schulungsobjekt, damals „Rotlichtheim" genannt. Hier fanden u. a. einwöchige politische Schulungen für alle Leitungskader des Werkes statt. Das Schulungsobjekt war nicht ausgelastet. Für eine Computertagung bekam die HA Analytik von der Direktorin für Soziales des Buna-Werkes das Schulungsheim zur Verfügung gestellt. Als Gegenleistungen wurden Deutsch-Russische Übersetzungen bei Festveranstaltungen zu politischen Feiertagen, die gemeinsam mit den Angehörigen der sowjetischen Streitkräfte der Merseburger Fliegerkaserne begangen wurden, gewünscht.

Das Schulungsheim im Blütengrund lag in einem Weinberg und bestand aus einem Wohnbungalow, dem sogenannten „Leninzimmer" als Konferenzort und einem Verpflegungskomplex. Das Heim wurde von einem Ehepaar hervorragend gemanagt. Die Frau kochte und backte ländlich deftig, aber sehr schmackhaft. Alle Gerichte und Kuchen fanden bei den Teilnehmern hohe Wertschätzung, insbesondere bei den Studenten. Letztlich wurden sie kostenlos verpflegt. Unsere Computerlehrgänge fanden einmal im Quartal statt. Als Referenten traten Vertreter der Rechnerhersteller aus den Werken Erfurt, Mühlhausen und Sömmerda (Tab. 9.2), aber auch Mathematiker der Humboldt-Universität oder der **AdW** Berlin-Adlershof auf. Die Hörer waren jene Studenten, die ihr Betriebspraktikum in den Buna-Werken absolvierten.

© Springer-Verlag GmbH Deutschland, ein Teil von Springer Nature 2019
B. Adler, *Computerapplikationen in der Mitteldeutschen Chemieregion – ein historischer Abriss*, https://doi.org/10.1007/978-3-662-59056-0_3

Sie kamen aus folgenden universitären Einrichtungen:

- Pharmaziestudenten aus den Universitäten Halle und Greifswald,
- Physikstudenten der TH Magdeburg und TH Merseburg,
- Lehrerstudenten der Fachrichtung Chemie-Biologie von der PH Erfurt/Mühlhausen,
- Studenten der Fachrichtung Chemie der TH Merseburg und Halle sowie
- Verfahrenstechnikstudenten der TH Köthen.

Abb. 3.1: Buna-Werke, a) Verwaltungsgebäude und Carbidfabriken vor 1981; hinter dem Verwaltungsgebäude verdeckt rechts im Bild liegt F17, das Gebäude der Analytik in unmittelbarer Nachbarschaft zu den Carbidfabriken, b) Bau F17 9/2018, Ansicht aus gleichem Blickwinkel wie bei a) nach Abriss der Verwaltungsbauten, rechts hinten das neue Kraftwerk

Das große Interesse der Studenten, ein Betriebspraktikum in den Buna-Werken in einem Gebäude in unmittelbarer Nachbarschaft zu den **Carbidfabriken** (Abb. 3.1) und der damit verbundenen immensen Staubbelastung zu absolvieren, hatte Ende der 80er-Jahre natürlich einen ganz praktischen Grund. Abgesehen von den Pharmazie- und Chemiestudenten wollten die angehenden Physiker oder Ingenieure eigentlich die speziellen Algorithmen der Computerchemie gar nicht kennenlernen. Vielmehr interessierten sie sich einfach nur für die PC-Technik. Und diese konnten sie in den Buna-Werken erlernen.

Denn jeder Betriebspraktikant bekam in der HA Analytik seinen eigenen Rechnerarbeitsplatz zum Programmieren und Experimentieren. Erfahrene Computerspezialisten halfen zudem beim Einarbeiten. Solche günstigen Arbeitsbedingungen konnten die damaligen Ausbildungsstätten nicht bieten. Viele der Praktikanten kamen später zur Anfertigung ihrer Diplomarbeit erneut ins Werk, vier von ihnen verteidigten zu Betriebsthemen erfolgreich ihre Promotionsarbeiten. Die letzte der Blütengrundveranstaltungen fand am 31.1.1990 statt. Gastreferent war Prof. Clerc aus dem Pharmazeutischen Institut Bern. Er referierte über die computergestützte Strukturermittlung mittels spektroskopischer Datenbanken.

3.1.2   Spektrendatein an der ETH Zürich und in Akademgorodok

Anfangs versucht man, lediglich spektroskopische Daten mittels Rechner zu archivieren. Den Schweizer Chemikern Erni und Clerc [3.1] gelingt es weltweit als Erste, an der ETH Zürich im Computer gespeicherte Daten zur Interpretation unbekannter Spektren zu nutzen. Die Spektrenrecherche als Methode zur Strukturaufklärung ist eingeführt. Während man zunächst mit relativ kleinen, sogenannten repräsentativen Datenmengen von < 104 Spektren erfolgreich operiert, weitete Koptjug im **NIZ** in **Akademgorodok** die Referenzmengen auf > 106 Spektren aus [3.2]. Entsprechend hoch fällt nun aber die Anzahl der Referenzenantworten aus.

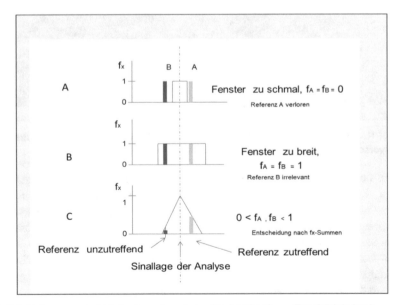

Abb. 3.2: Referenzauswahl bei crisper bzw. fuzzy-Recherche ($f_{X, A, B}$ Zugehörigkeiten)

Die Recherche auf Basis von Ja-Nein-Entscheidungen, also der zweiwertigen Logik, erweist sich bei faktographischen Spektrendatein mit sehr hohen Referenzmengen zunächst als unbrauchbar. Zu viele nicht relevante Referenzen werden als Ballast gefunden.

Die Problemlösung zum selektiveren Recherchieren existiert zwar schon, bleibt den Spektroskopikern aber einige Jahre unbekannt. Der iranische Elektroingenieur *Lofti Zadeh* [3.3] in Boston (USA) hat sie zu jener Zeit zur Übertragung und Identifizierung von elektrischen Signalen entwickelt. Doch welcher Chemiker liest und interessiert sich damals für neue Erkenntnisse in der Elektrotechnik? Zudem stößt die Fuzzy-Set-Theorie bei den Betreibern der Großrechner zunächst auf ziemliches Unbehagen. War doch durch Konrad *Zuse* [3.6] die duale Logik in Form der vergegenständlichen Rechenmaschinen gerade erst zur materiellen Gewalt geworden. Und nun postuliert *Zadeh* eine neue, unscharfe Logik [3.7], in der die duale, crispe Logik nur noch die Grenzfälle absolut wahr bzw. absolut unwahr mit den Zahlwerten „0" und „1" abbilden sollte? Ein solches Model muss a priori Widerspruch und Ablehnung erzeugen, doch es erweist sich für die Recherche großer, faktographischer Dateien als äußerst nützlich. Mit der Einführung der unscharfen Beurteilungskriterien in die Recherche faktographischer Datenbanken erreicht man eine bis dahin nicht gekannte Selektivität der Referenzergebnisse.

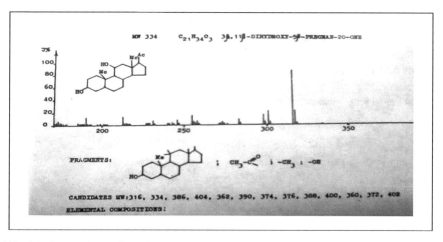

Abb. 3.3: Recherche im Datenfile Massenspektren des NIZ Akademgorodok (Spektrum und Strukturvorschläge)

Während bei der Datenbankrecherche nach *Erni* und *Clerc* die Entscheidungsfindung dual mit einem Rechteckfenster erfolgte, bei dem Übereinstimmung zwischen einem Referenz- und Analysensignal dann herrscht, wenn die jeweilige Referenz innerhalb des Rechteckfensters liegt (Abb. 3.2, Teil A und B), ergibt sich bei der Fuzzy-Recherche die betreffende Antwort aus der Größe des jeweiligen Zugehörigkeitswertes bzw. aus der Summe von 10 Elementarvergleichen. Diese Zugehörigkeitswerte werden über eine Dreieckfunktion gebildet, bei der die Zugehörigkeitswerte umso höher ausfallen, je enger benachbart die zu vergleichenden Signale liegen (Abb. 3.2, Teil C).

Wird nach den ersten Elementarvergleichen eine vereinbarte Höhe in der Fuzzy-Power nicht erreicht, bricht die weitere Durchmusterung des Datensatzes rechenzeitsparend vorzeitig ab. Die Referenz gilt dann als nicht relevant. Die Fuzzy-Set-Theorie ermöglichte letztlich erst die Durchmusterung sehr großer faktographischer Datenbasen.

Abb. 3.4: Lawrentjew-Prospekt in Akademgorodok 1980, dritter Gebäudekomplex Mitte links: das Organische Institut mit NIZ

Das Neuartige an der sibirischen Datenbank ist nicht nur ihre Größe, sondern vielmehr die weltweit erste Verknüpfung von Spektraldaten mit den Strukturabbildungen (Abb. 3.3). Das kann man sich natürlich nur mit entsprechend dimensionierten Großrechnern leisten, die im Rechenzentrum in Akademgorodok stationiert sind. Aufbau und Organisation des Datenkomplexes werden vom NIZ im Organischen Institut organisiert. Über Datenendplätze ist jedes Labor in diesem Gebäude mit dem Rechenzentrum verbunden. Jeder Nutzer hat zu beliebiger Zeit Zugang zu den gespeicherten Daten. Für die Strukturverarbeitung entwickeln Mitarbeiter des NIZ das bereits erwähnte Eingabesystem, „Graf" und bauen diese Eingabegeräte selbst im Institut. Die Eingabeeinheit gestattet die Verarbeitung von figürlichen Darstellungen, den Valenzstrichformeln. Das NIZ und das Rechenzentrum liegen vis-à-vis in der Mitte des *Lawrentjew*-Prospektes in Akademgorodok (Abb. 3.4).

Neben den Datenendplätzen in den einzelnen Laboratorien gibt es noch eine Datenzentrale im Organischen Institut, die die sibirischen Industriebetriebe und Akademieaußenstellen in Irkutsk und Wladiwostok mit dem NIZ verbindet und schließlich von Mai 1981 bis Anfang 1987 auch die TH in Merseburg zunächst im Versuchsbetrieb in russischer Sprache bedient. Ab September 1982 erfolgte der kommerzielle Betrieb mit der TH Merseburg in Englisch. Die Kosten des Dialoges begleichen die Nutzer mit der Übergabe digitalisierter Spektren. Die abgespeicherten Daten werden thematisch geordnet in Form gedruckter Spektrenatlanten allen Nutzern zur Verfügung gestellt (Abb. 3.5). Die Ausgaben 14 und 17 enthalten z. B. die Massenspektren der TH Merseburg.

Abb. 3.5: Atlas der gespeicherten Spektren, z. B. Massenspektren für elementorganische Verbindungen von Vanadaten der TH Merseburg

```
03886¹⁾   HA3B = P - TOLUENESULFONIC ACID, 2 - CHLORETHYL ESTER
6PФ =     C 009H  011C10010 003S 001 8EC = 234,70 IR = 32049⁷⁾
СДВИГ =   244 244 361 361 418 732 776 776 TUП61 = 1 6 6
6 6   IHT ≒ 3 2 2 2 2
СОВПАЛО 5
```

Abb. 3.6: Datendialog 1981 Recherche eines ¹H-NMR-Spektrums

Den Ausschnitt eines Datendialoges zwischen der TH Merseburg und dem NIZ in Akademgorodok zeigt Abb. 3.6. Es handelt sich um die Strukturrecherche für ein ¹H- NMR-Spektrum. Als Ergebnis wird z. B. ein Toluensulfonsäureester in der Datei gefunden (Abb. 3.6, erste Zeile). In der zweiten Zeile von Abb. 3.6 sind die Bruttoformel, die Molmasse sowie ein Verweis zu einer Spektrennummer zum Datenfile des IR-Spektrums angegeben. Die dritte Zeile führt mit „**Sdwig**" die Signallagen auf, in der vierten Zeile sind die Übereinstimmungen zwischen Referenz- und Analysenspektrum genannt.

3.2   Fuzzy-Recherchen

3.2.1   Fuzzy-Set-Theorie kontra Establishment

Studienmaterial zur Modellierung und Steuerung mit unscharfen Modellen organisierte Herr Weise von der AdW nach einer Fachtagung in Eisenach im Winter 1984. Bei diesem Material handelte es sich um mehrere Broschüren, die im Wissenschaftsbereich für Kybernetik der damaligen TH Karl-Marx-Stadt, heute TU Chemnitz, erarbeitet worden waren [3.10]. Für Weises wissenschaftliche Arbeiten zur computergestützten Syntheseplanung (Kap. 8.3.1) schien das Material nicht von Relevanz. Die unscharfe Prozessführung war neben der bereits erwähnten Fuzzy-Recherche das zweite Applikationsfeld für die Fuzzy-Set-Theorie im chemisch-technischen Bereich. Für die Vorlesung zur Computerchemie in Merseburg eigneten sich dagegen die unscharfen Methoden zur Datenanalyse gut. An dieser Vorlesung konnten sowohl die Merseburger Studenten als auch Interessenten der umliegenden Chemiebetriebe in Form einer postgradualen Weiterbildungsveranstaltung teilnehmen. Es handelte sich um jene externen Hörer, die immer mittwochs 10 Uhr Ortszeit durch Datenbankdialoge mit Sibirien ihre Strukturaufklärungen zu lösen versuchten. In der Vorlesung fielen zur Erklärung der Fuzzy-Set-Theorie u. a. die Worte: „Ein Einzelner oder eine Gruppe von Menschen, philosophisch eine Partei, können nicht immer und in allen Fragen recht haben". Danach herrschte sekundenlang Totenstille im Hörsaal, bis einer der Hörer lachte. Es war jenes höhnische Lachen, das signalisierte, dass der Lapsus linguae wohl recht unangenehme Folgen nach sich ziehen würde. Aber dann lachte der ganze Hörsaal. Dieses Lachen klang wie eine freudige Befreiung. Jemand hatte unbewusst das ausgesprochen, was damals viele dachten, aber niemand wagte laut zu äußern, weil es einen Tabubruch zum realen politischen Alltag darstellte. Die Vorlesungsreihe konnte zunächst noch fortgesetzt werden, obwohl die Anzahl der uniformierten Hörer in den Folgevorlesungen stark anstieg. Die Uniformierten mussten sich von den Hörern aus der Industrie wiederholt die Frage gefallen lassen, was wohl Polizeianwärter und Offiziersschüler mit der Computerchemie in ihrem Dienst anfangen wollten. Letztlich blockierten diese Teilnehmer die Hörsaalplätze für die Studenten und Hörer aus der Industrie. Am Semesterende wurde durch den Wissenschaftlichen Rat der Sektion Chemie festgelegt, dass die Fuzzy-Set-Theorie und Datenbankrecherchen eigentlich nicht in das Ausbildungsprofil für angehende Chemiker passen würden; außerdem die Vorlesung Computerchemie im Rahmen der Theoretischen Chemie nur den Hörerkreis in anderen Vorlesungen der Theoretischen Chemie schmälerte. Letzteres stimmte sogar. Denn eine Vorlesung zur Theoretischen Chemie mit Computersimulationen hatte es bisher noch nicht gegeben. Sie kam bei den Hörern gut an. Das erstgenannte Argument hat die historische Entwicklung ad absurdum geführt. Mit nichts beschäftigen sich Studenten aller Fachrichtungen heute intensiver als mit Recherchen im Internet.

Den Datenbankdialog stellte man seitens der TH Merseburg durch den Abbau der technischen Geräte im Jahre 1987 ein. Die wissenschaftlichen und menschlichen Kontakte mit den Mitarbeitern des NIZ blieben bestehen und wurden bis Mitte der 90er-Jahre von Schkopau aus weiter aufrechterhalten. Als 1992 eine katastrophale Versorgungslage in den damaligen GUS-Staaten herrschte, organisierte das technische Personal der HA-Analytik eine beispielhafte Spendenaktion. Bis 1994 liefen die Transporte mit den Hilfsgütern nach Sibirien. Im Jahre 1994 besuchte der Leiter des NIZ, Herr Dr. Derendajew, noch einmal die Buna-Werke und sprach seinen Dank für die geleistete Hilfe aus. Weitere Einzelheiten zum Datenbankdialog mit dem NIZ in Akademgorodok sind im Buch „Mit Sibirien verbunden" [3.4] dargestellt.

3.2.2   Fuzzy-Recherche zur Interpretation von Stoffgemischen

Die Algorithmen zur unscharfen Recherche lassen sich erfolgreich sogar zur Identifizierung von Gemischspektren einsetzen. Abb. 3.7 zeigt Röntgendiffraktogramme von An-
organika: bei (a) die Analyse eines Gemisches von 5 % ZnO in 95 % CaF2, bei (b) das
gefundene Referenzdiffraktogramm vom ZnO, bei (c) das Diffraktrogramm vom CaF_2
und bei (d) eine weitere Referenzen von CaF_2 aus einem Datenfile von ca. 1000 gespeicherten Diffraktogrammen. Das heißt, das Rechercheprogramm erkennt selbstständig,
dass im Spektrum der Hauptkomponente noch ein weiterer Stoff als Verunreinigung
enthalten sein muss. Die Auswahl der Referenzspektren erfolgt jeweils über die Summe
aller Einzelunschärfen, auch Fuzzy-Power genannt. Das Maß der Fuzzy-Power charakterisiert die Ähnlichkeiten der Substanzen mit dem Analysenspektrum und beträgt 0,62 für
den Fluorit und 0,65 für das Zinkoxid. In der Hitliste der ähnlichsten Referenzen wird
das ZnO deshalb an erster Stelle, das CaF_2 an zweiter Stelle aufgeführt, obwohl der
Fluorit in seiner Konzentration 19-mal höher vorliegt. Die Elemente Ca und Zn, aus der
Emissionsspektralanalyse bestimmt, dienen der rechnergestützten Auswertung als Zusatzinformation, ähnlich wie es bei der manuellen Auswertung gehandhabt wird. Die
Datei wurde im Jahre 1991 in der HA Analytik des Buna-Werkes zur Charakterisierung
anorganischer Füllstoffe in polymeren Werkstoffen aufgebaut [3.5].

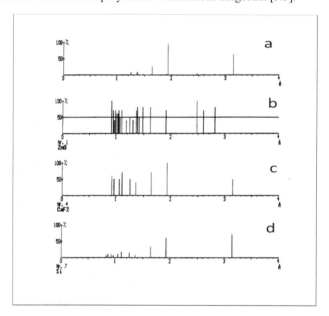

Abb. 3.7: Röntgendiffraktogramme (a) Analyse, (b) ZnO und (c) CaF₂

Das Handhaben unscharfer Modelle, das multivariate, unscharfe Denken in der Chemie
überhaupt, wäre wohl ohne das Rechercheproblem faktographischer Datenbanken kaum
entwickelt worden. Eine unscharfe Entscheidungsfindung bei multivariaten Sensorsys-
temen findet heute in allen Bereichen der Wirtschaft und des Verkehrs breite Anwen-

dung. Doch ob sich unscharfes Denken im Alltag der Menschen allgemein durchsetzen kann oder nur versteckt in wissenschaftlichen Nischen Anwendung findet, wird die Zukunft zeigen. Menschen, die zum eigenen Vorteil machtpolitische Entscheidungen treffen, werden wohl an Fuzzy-Regeln kaum Freude haben.

3.3   WIFODATA-Projekt im CKB

Bei dem Bibliotheksprojekt WIFODATA im **CKB** in Bitterfeld handelt es sich um rechnergestützte Substanz- und Befundedokumentationen, in denen chemische Strukturen zusammen mit bibliographischen Angaben, physikochemischen Parametern und Prüfresultaten biologischer Tests gespeichert sind. Das WIFODATA-Projekt entsteht Anfang der 70er-Jahre des 20. Jahrhunderts unter Nutzung des Speicher- und Rechnerchesystems **SPRESI** zur Wirkstoffforschung. Im Jahre 1988 sind bereits $80 * 10^3$ Einzelstrukturen abgespeichert [3.6]. Recherchen lassen sich nach:

- Strukturen,
- Substrukturen und Fragmenten,
- biologischen Daten und
- CKB internen Daten

organisieren. Im Jahre 1988 gelingt es, das System vom Stapel- auf Dialogbetrieb umzurüsten. Dient WIFODATA anfangs nur zur Wirkstoffforschung, wird das System später auf eine anwendungsorientierte Syntheseplanung erweitert (Kap. 8.1). Im Jahre 1981 erhält das Arbeitskollektiv für das Informationssystem WIFODATA den Nationalpreis III. Klasse für Wissenschaft und Forschung.

3.4   Zentrum für Information der Leuna-Werke

Für die Wissensgebiete Petrolchemie und Hochpolymere Werkstoffe erfolgt bereits im Jahre 1973 in den **Leuna-Werke**n der Aufbau eines rechnergestütztes Dokumentenrecherche- und Bereitstellungssystems, DOREMA genannt. Für das DOREMA-System gilt das Prinzip der Einmaligkeit in der Literaturerschließung bei möglichst vielfältiger Nutzung. Die benachbarten Buna-Werke sind von Beginn an Mitnutzer. Später kommen andere Betriebe und Institutionen, u. a. das CKB in Bitterfeld oder das **CLG** hinzu. Die Recherchen umfassen wissenschaftliche Zeitschriften, Patentliteratur und ausgewählte Sekundärquellen. Im DOREMA-System werden damals jährlich ca. $9 * 10^3$ Artikel aus 150 Zeitschriften, $7 * 10^3$ Erfindungsbeschreibungen und $2 * 10^3$ Informationen aus Sekundärquellen erschlossen. Mit dem Sammeln und Digitalisieren der bibliographischen Daten erschöpft sich jedoch der rechnergestützte Bibliotheksaufbau nicht. Für die Fülle chemisch-technischer Begriffe mit z. T. vielen Synonymen müssen **Thesauri** erstellt werden.

Ein Thesaurus besteht aus einer systematisch geordneten Sammlung von Begriffen, die durch Relationen miteinander verbunden sind. Sucht man z. B. Informationen zu dem Begriff „Teer", könnten solche Angaben auch in Artikeln von „teerhaltigen Produkten" oder „teerhaltigen Substanzen" enthalten sein (Abb. 3.8, erste Zeile). Die Begriffe Teer, teerhaltige Substanzen und teerhaltige Produkte sind also Synonyme, die über Äquivalenzrelationen miteinander verknüpft sind. Der Begriff „Teer" dient aber auch als Oberbegriff für spezielle Teerprodukte wie Holzteer, Pyrolyseteer u. s. w. (Abb. 3.8, unterer Teil). Neues Wissen wird einem Nutzer nun dadurch erschlossen, dass bei der Eingabe der Suchbegriffe „Holzteer" oder „Pyrolyseteer" Verweise auf andere Teerprodukte angezeigt werden.

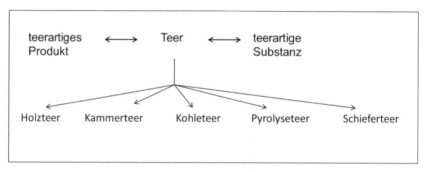

Abb. 3.8: Thesaurus für den Begriff „Teer"

Aus oben genannten Rechercheanfängen entsteht schließlich das **ZFI** der Leuna-Werke. Das ZFI betreut im Jahre 1990 etwa 400 Datenbanken von verschiedenen nationalen und internationalen Anbietern sowie werkseigene Datensammlungen. Diese Datenbanken beinhalten Informationen aus Zeitschriften, Monographien, Tagungsberichten, Patenten, Normen, und Firmenmitteilungen zu den Fachgebieten:

- Wirtschaft (Produkte, Marketing, Management, Produktherstellung sowie Ex- und Import),
- Wissenschaft und Technik (Chemie, Materialwissenschaften, Mathematik und Informatik, Physik Elektronik und Telekommunikation und Energietechnik),
- Umweltschutz und sicherheitstechnische Kenndaten und
- Recht.

Werkspezifische Probleme werden auch unter Nutzung von Inhouse-Systemen rechnergestützt recherchiert. Die Dateien konzentrierten sich auf typische Produkte und Verfahren des Unternehmens. Dazu entsteht ab 1980 eine Faktendatenbank mit 200 Leuna-typischen Produkten.

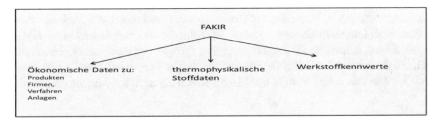

Abb. 3.9: Leuna-Dateien im FAKIR-System

FRS CWD

Faktenrecherchesystem für chemiewirtschaftliche Daten

Die Faktendatenbank wird von der Leuna-Werke AG und der Buna AG seit 1981 als Inhouse-System betrieben. Sie enthält technisch-ökonomische Informationen zu 200 leuna-typischen und 100 buna-typischen Produkten.

Inhalt

- Produktionsmengen, Kapazitäten
- Bedarf, Verbrauch, Preise
- Import- und Exportangaben

- Eigenschaften, Anwendungen, Einsatzgebiete
- Investitionen, Lizenzen
- technische Verfahren, einschließlich Kosten, Stoff- und Energiebilanzen

Produktgruppen

LEUNA:
- Mineralölprodukte
- Kohlenwasserstoffe
- Alkohole, Ether, Carbonsäuren
- Stickstoffverbindungen
- Polyolefine, Polyamid, Epoxidharz
- technische Gase

BUNA:
- Thermoplaste
- ungesättigte Polyester
- Synthesekautschuk
- Plasthilfsstoffe
- organische Zwischenprodukte
- Spezialprodukte

Quellen

Fachzeitschriften aus dem deutschen, europäischen, amerikanischen und japanischen Wirtschaftsraum
LEUNA: 70 Titel   BUNA: 13 Titel

Leistungen

- selektive Informationsverbreitung als monatliche Abonnementsrecherche zur laufenden Überwachung eines Sachgebietes
- retrospektive Recherchen als Einzelrecherche zu einem bestimmten Fachgebiet über einen größeren Zeitraum

Datenbestand

- monatliche Aktualisierung
- Erfassung von durchschnittlich 8 Fakten pro Originalartikel
- jährlicher Zuwachs
  LEUNA: 12 000 Fakten/Jahr   BUNA: 4 000 Fakten/Jahr
- Gesamtbestand
  LEUNA: 150 000 Fakten   BUNA: 50 000 Fakten

Abb. 3.10: Faktenrecherchesystem für chemiewirtschaftliche Daten

Spezielle, Leuna-eigene Daten werden mit dem **FAKIR**-System bearbeitet (Abb. 3.9). Hierbei handelte es sich um ein Softwaresystem zur Erfassung, Speicherung, Prüfung und Wiederauffindung bibliographischer sowie faktographischer Daten. Das Fakir-System ist also nicht an ein bestimmtes Fachgebiet gebunden. Faktensammlungen aus

dem Chemieanlagebau, Daten aus der medizinischen Forschung, Patientendaten, Patent-
angaben und Literaturnachweise werden im Fakir-System gespeichert. Das FAKIR-
System dient u. a. auch für die Projektierung von Anlagen der Erdöl- und Kohleindustrie.
Auch die thermophysikalischen Stoffdaten des Werkes werden mit dem FAKIR-System
verwaltet. Die Daten sind sowohl auf Magnetplatten als auch auf Magnetbändern abge-
legt.

**Abb. 3.11: Bau 24, Verwaltungs- und Forschungszentrum sowie Bibliothek der Leuna-Werke
Aufnahme 9/2018**

Im Jahre 1980 geht in den Leuna-Werken ein weiteres, speziell für chemiewirtschaftliche
Daten konzipiertes Recherchesystem, **FRS CWD** genannt, in Betrieb. Auch dieses Recherchesystem wird in Kooperation mit den Buna-Werken betrieben (Abb. 3.10). Die
maschinelle Basis bildete der **ESER**-Rechner EC 1040. Im Jahre 1985 wird das Doku-
mentations- und Recherchesystem auf den Rechner EC 1056 umgerüstet (Tab. 9.2, Zeile
5). Die Datenerfassung erfolgt von Organisationsautomaten und Bürocomputern [3.7,
3.8]. Ein Großteil der wissenschaftlich-technischen Arbeiten findet in Bau 24, der Ver-
waltungs- und Forschungszentrale der Leuna-Werke statt (Abb. 3.11). Die wissenschaftlich-technische Leitung beim Aufbau und der Pflege aller Datensammlungen obliegt den
Herren *Bähr* und *Wettengel*.

3.5 Internetrecherchen nach nicht mutagen wirkenden Epoxiden

Bei den bisher behandelten Datenbasen handelt es sich um Firmendaten oder Daten von Institutionen. Freien Zugang bekommt ein Nutzer nur gegen Entgelt oder aktive Mitarbeit beim Datenbankaufbau. Ab Anfang der 80er-Jahre des vergangenen Jahrhunderts entwickelt sich weltweit ein Rechnerverbund, bei dem jeder Rechner mit jedem anderen Rechner zu einem Datenaustausch verbunden sein kann, das sogenannte „Internetwork" oder kurz Internet genannt. Die Datenübertragung erfolgt internetneutral, also unabhängig von ihrem Inhalt, Absender oder Empfänger. Im Weiteren wird die Suche nach nicht mutagen wirkenden Epoxiden durch Internetrecherchen beschrieben.

Die Recherche nach nicht mutagen wirkenden, nativen Epoxiden erfolgt im ersten Schritt unter den Begriffen: „Epoxide" und „nativ". Die synthetischen Epoxide sind zu jener Zeit durchweg als mutagene Strukturen bekannt (Kap. 5.2). Hinweise auf native Epoxide finden sich bei der Recherche von Fruchtkernölen bestimmter Ölpflanzen, den Galamensisgewächsen. Eine dieser Pflanzen ist die in Arizona beheimatete Vernonina-Galamensis-Pflanze (Abb. 3.12). Das aus ihr gewonnene Vernoniaöl setzt man in der US-Kosmetikherstellung für Pasten und Salben bereits mehreren Jahrzehnten industriell ein. Negative Nebenwirkungen der Kosmetikprodukte sind nicht beschrieben. Die Ölmengen aus den geernteten Wildpflanzen reichen zwar für die Kosmetikindustrie, für eine industrielle Nutzung kommen die Wildpflanzen der Galamensisgewächse jedoch nicht in Betracht.

Abb. 3.12: Ölpflanze Vernonia Galamensis

Deshalb erfolgte im zweiten Rechercheschritt die Suche nach den Anbaubedingungen und landwirtschaftlichen Nutzungsmöglichkeiten der Ölpflanzen. Die Recherche ergibt, dass der gezielte landwirtschaftliche Anbau von Galamensisgewächsen in verschiedenen Ländern wiederholt fehlgeschlagen ist. Aber durch die Internetrecherche kann dennoch ein wichtiger Sachverhalt abgeklärt werden: die Struktur der nicht mutagen wirkenden Epoxide. Eigentlich muss man nur ein passendes Industriepflanzenöl finden und das gepresste Öl epoxidieren. Dazu erfolgt wiederum die Suche im Internet nach jenen Industriepflanzen, die einen hohen Anteil ungesättigter Fettsäuren besitzen. Zu diesen Ölen gehören u. a. das Leinöl, das Holunderkernöl und das Öl der Drachenkopfpflanze, Lallemantia Iberica (Abb. 3.13). Die Recherche im Internet ergibt ferner eine recht unterschiedliche Verfügbarkeit der Kernöle: Leinöl wird als Handelsware angeboten, Holunderkernöl als Abprodukt der Holundersaftherstellung thermisch entsorgt, wäre also auch sofort verfügbar. Für das Drachenkopföl sucht man Ende der 90er-Jahre überhaupt erst eine Verwendung, aber dieses Öl ist damals nur in kleinen Mengen verfügbar.

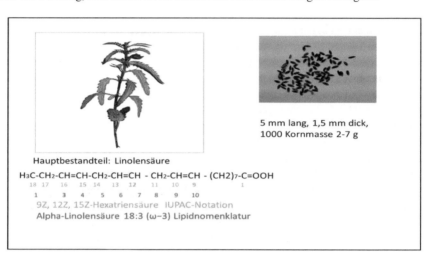

Abb. 3.13: Drachenkopfpflanze und Samen, darunter deren Hauptbestandteil – die Linolensäurestruktur in IUPAC- sowie Lipid-Notationen

Dabei besitzt das Öl der Drachenkopfpflanze mit mehr als 70 % den höchsten Anteil an Linolensäure und scheint deshalb für die Epoxidherstellung von besonderem Interesse. Man kann aus diesem Öl Epoxide mit der höchsten Anzahl an Oxiranringen herstellen. Der **TLL** in Dornburg in es in 30 Jahren intensiver Züchtung gelungen, aus der ursprünglich im Kaukasus beheimateten Wildpflanzenform zwei für den Ackerbau anwendbare Kulturpflanzen zu entwickeln. Mit diesen Erkenntnissen steht die zukünftige Rohstoffbasis für die nativen Epoxide fest. Sie besteht vor allem aus Holuderkern- und Drachenkopfsaatöl.

Der Vorteil der Internetrecherche gegenüber institutionalisierten Datenbasen liegt auf der Hand. Eine Vielfalt von Themenfeldern kann zeitnah und parallel bearbeitet werden. Im vorliegen Falle wurden Informationen aus dem Internet über:

- native Epoxide,
- Mutagenität und Toxizität der Ölpflanzen,
- Zusammensetzung der Öle,
- Eigenschaften der Fruchtkernöle,
- Bedingungen zum Anbau und zur Pflege der Ölpflanzen,
- klimatische Voraussetzungen für den Ölpflanzenanbau,
- Ölbegleitstoffe,
- Haltbarkeit und Lagerbedingungen frisch gepresster Öle,
- Reinigung der Öle und
- Nutzung der Presskuchenabfälle

recherchiert. Eine solche Breite an unterschiedlichen Wissensgebieten können betriebliche Datenbanken aus ökonomischen Gründen natürlich nicht vorhalten.

Mitunter erwiesen sich die Informationen aus dem Internet als unzureichend. So gibt z. B. das Anbautelegramm zum Drachenkopfanbau als Aussaattermin das Frühjahr an. Natürlich handelte es sich hierbei um keine falsche Aussage. Aber sie beschreibt lediglich die optimalen Aussaatbedingungen. Aus eigenen Feldversuchen kann später ein jährlich zweimaliger Anbau bei jeweils 90 Tagen Vegetationszeit für den 50. Breitengrad bestimmt werden. Für den Anbau am 45. Breitengrad in Rumänien verkürzt sich die Vegetationszeit noch um fünf Tage. Diese Angaben sind für die Landwirte für eine ökonomische Erlösermittlung wichtig. Die Drachenkopfpflanze lässt sich also als Vor- oder Nachfrucht kultivieren. Mithin erzielen die Landwirte bei ihrem Anbau mit relativ geringem Risiko einen zusätzlichen Erlös.

Literatur

[3.1] F. Erni, J. T. Clerc: Datenbank OCETH-Zürich. Helv. Chim. Acta **55** (1972) S. 489

[3.2] V. A. Koptjug: Some Aspects of Computerized Processing of Structural and Graphical Information … In Computer Applications in Chemical Research and Education. Hüthing Heidelberg (1988) S. 367–386

[3.3] L. A. Zadeh: „Fuzzy-Sets". information and control **8** (1965) S. 336–353

[3.4] B. Adler: Mit Sibirien verbunden. Projekte Verlag Cornelius GmbH Halle (2012)

[3.5] B. Adler, P. Schütze, J. Will: Expert System for Interpretation of X-Ray Diffraction Spectra. Analytica Chim. Acta **271** (1993) S. 287–291

[3.6] K. Zuse: Rechnender Raum. In: Elektronische Datenverarbeitung. Band 8, 1967, S. 336–344

[3.7] K. Tscharnke, R. Wegwart: Das rechnergestützte Informationssystem Wissenschaft und Technik im VEB Leuna Werke „Walter Ulbricht". Informatik Berlin **34** (1987) S. 66–67

[3.8] M. Metzner, R. Oehler, E. Schauer, R. Wegwart: Informationsleistungen auf den Gebieten Petrolchemie und Hochpolymere Werkstoffe. Informatik **23** Berlin (1976) S. 10–14

[3.9] B. Adler: Analytik auf Abwegen. GDCh Mitteilungsblatt Analytische Chemie Heft 3 (2013) S. 5–8

[3.10] Autorenkollektiv der TH K.-M.-Stadt: Unscharfe Modellbildung und Steuerung Teil IV (8/1981)

4 Mustererkennungsverfahren und Neuronale Netze

4.1 Auswahl von Klassifizierungsverfahren

Die Klassifizierung von gemessenen oder simulierten Daten erfolgt in den 70er- und 80er-Jahren des vergangenen Jahrhunderts zunächst mit Mustererkennungsverfahren, wie z. B. mit Verfahren der Clusteranalyse [4.1] oder der Hauptkomponentenanalyse [4.2], später aber dominant mittels Neuronaler Netze [4.3] (Tab. 4.1).

Tab. 4.1: Verfahren zur Datenanalyse für die Informationsgewinnung

Verfahren 1	Klassifikator 2	Literatur 3

[1] Clusteranalyse
    single linkage
    Ward
	D_{Euklid}
	D^2_{Euklid}
		[4.1]
		[4.9])[1]

[2] Hauptkomponentenanalyse	rnenschliches Auge	[4.2]
[3] Neuronales Netz	Fehlerminimierung	[4.3]

)[1] mit Übersicht über weitere Clusterverfahren

4.1.1 Verfahren der Clusteranalyse

Daten von Spektren, Moleküleigenschaften oder Prozesszuständen lassen sich mathematisch in Form von Objektvektoren darstellen. Dabei bilden ähnliche Objekte Anhäufungen in d-dimensionalen Merkmalsräumen, auch Cluster genannt. Die Ähnlichkeit oder Unähnlichkeit von Objekten legen u. a. Distanzmaße fest (Tab. 4.1, Zeile 1). Solche Distanzmaße in der Clusteranalyse bezeichnet man auch als Klassifikatoren (Tab. 4.1, Spalte 2).

4.1.2 Hauptkomponentenanalyse und ihre PC-Implementierung

Eine Methode, die Ähnlichkeit von Objekten in mehrdimensionalen Merkmalsräumen zu bestimmen, benutzt das menschliche Auge als Klassifikator (Tab. 4.1, Zeile 2). Dazu muss man zunächst Daten mit Dimensionen d > 2 in die 2-dimensionale Bildschirmebene transformieren. Diese Transformation erfolgt so, dass aus den primären Daten mit den Koordinaten x_i neue Koordinaten y_i gebildet werden. Sie ergeben sich aus Linearkombinationen der ursprünglichen Daten

© Springer-Verlag GmbH Deutschland, ein Teil von Springer Nature 2019
B. Adler, *Computerapplikationen in der Mitteldeutschen Chemieregion – ein historischer Abriss*, https://doi.org/10.1007/978-3-662-59056-0_4

$$y_i = u_{1i} * x_1 + u_{2i} * x_2 \ldots + u_{di} * x_d$$

Gl. 4-1

unter der Prämisse, dass die Varianz s_{yi}^2 der ersten neuen Koordinate ein Maximum der normierten Gesamtmerkmalsvarianz betragen muss:

$$s_{yi}^2 \rightarrow max.$$

Gl. 4-2

mit:

$$\sum_{i=1}^{d} s_{yi}^2 = 1$$

Gl. 4-3

Die neuen Koordinaten yi werden auch als PC-Komponente bezeichnet und stellen neue, synthetisches Merkmale dar, die bei optimaler Wahl der Koeffizienten u_i die Eigenschaft haben, einen maximalen Anteil der Gesamtvarianz des Datensatzes in sich zu vereinigen.

Die Varianzen s_{yi}^2 stellen Funktionen mehrerer Variabler u_{ij} dar. Extremwerte solcher Funktionen findet man mithilfe des Lagrangeschen Multiplikators λ. Man formuliert als Lösungsansatz das Matrixsystem:

$$\begin{Bmatrix} s_{11}-\lambda_i & s_{12} & \cdots & s_{1d} \\ s_{21} & s_{22}-\lambda_i & \cdots & s_{2d} \\ \vdots & \vdots & \vdots & \\ s_{d1} & s_{2d} & \cdots & s_{dd}-\lambda_i \end{Bmatrix} \begin{Bmatrix} u_{i1} \\ u_{i2} \\ \vdots \\ u_{id} \end{Bmatrix} = \begin{Bmatrix} 0 \\ 0 \\ \vdots \\ 0 \end{Bmatrix}$$

Gl. 4-4

Da $u_i \neq 0$ sein muss, wenn eine Koordinatentransformation gemäß Gl. 4-1 stattfinden soll, kann in Gl. 4-4 nur die Koeffizientendeterminante Null sein. Die Lösung dieser auch als Säkulardeterminante bezeichneten Determinante liefert die gesuchten Eigenwerte λ_i.

Die Wirkung einer Koordinatentransformation aus dem Merkmalsraum x_i in den transformierten Raum y_i gemäß Gl. 4-4 sei an einem 2-dimensionierten Beispiel von 10 Objekten demonstriert (Abb. 4.1 a). Während im x_i-System die Objekte 2, 4 und 7, 5 und 9 sowie 6 und 10 jeweils auf der x_1 zusammenfallen, werden diese Objekte im neuen y_i-System aufgelöst dargestellt. Die Transformationsparameter u_{ij} drehen das alte Koordinatensystem um einen bestimmten Winkel. Mitunter bezeichnet man die Transformation auch als Koordinatenrotation (Abb. 4.1 b). Das vorliegende Beispiel könnte sogar ohne Informationsverlust 1-dimensional abgebildet werden, ohne dass Objekte koinzidieren. Allein durch die Rotation des Koordinatensystems kann also der Informationsgehalt einer visuellen Darstellung verbessert werden. Den Himmelsbeobachtern war dieses Phänomen seit Jahrhunderten bekannt. Bei ihren Beobachtungen rotierten allerdings die Objekte und nicht die Koordinaten. Trat durch die unterschiedliche Bewegung der Planeten eine Konjugation oder Hyperkonjugation mehrerer Planeten auf, konnten diese mitunter nur als ein Stern vom Beobachtungsort aus wahrgenommen werden, wie z. B. das Phänomen des **Sterns von Bethlehem**. Umgekehrt waren bei Dissipationen der Planeten, also nach entsprechender Weiterrotation der Himmelskörper diese wieder einzeln zu erkennen.

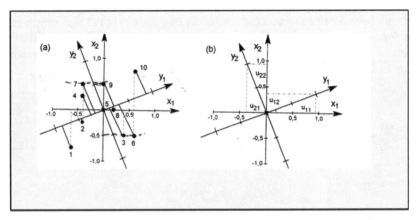

Abb. 4.1: Projektion eines 2-dimensionalen Datensatzes, (a) Lage der Originaldaten im Merkmalsraum x_1 und x_2, (b) transformierte Daten im Merkmalsraum y_1, und y_2 auch als PC_1 bzw. PC_2 bezeichnet

Anfang der 80er-Jahre ist es die Familie *Henrion* aus Berlin, die als erste die mathematischen Voraussetzungen für oben genanntes Projektionsverfahren in Form eines Softwarepakets erarbeitet [4.2, 4.10]. Aber nur wenige Nutzer können die Hauptkomponentenanalyse anwenden. Es fehlt am mathematischen Verständnis für das Verfahren. Die Mathematikausbildung der Chemiestudenten jener Jahre beträgt lediglich zwei Jahre und die Lehrinhalte orientieren sich an Problemen der Physikalischen Chemie. Doch das ändert sich später. Die Chemiestudenten an der THLM fordern eine vierjährige Mathematikausbildung und bekommen sie auch. Letztlich geht es um neue mathematische Lehrinhalte, die unmittelbar mit den Computeranwendungen verknüpft sind. Mathematische Abhandlungen zur Hauptkomponentenanalyse liegen allerdings damals bereits vor [4.11]. Erfreulich ist, dass obige Transformationen noch heute auch für **Big-Data-Probleme** angewendet werden [4.14].

4.1.3   Neuronale Netze

Neuronale Netze sind eine dem menschlichen Gehirn und der Funktion seiner Nervenzellen nachkonstruierten Programmarchitektur. Mit dieser Software ist es möglich, Informationen durch Abstrahieren und Klassifizieren zu verdichten, letztlich eine Mustererkennung durchzuführen. Die Netzwerkknoten bestehen aus Prozessoreinheiten, die ankommende Informationen addieren, mathematisch transformieren und wichten. Erreichen die verarbeiteten Werte einen definierten Schwellwert, werden sie an die hierarchisch höher

liegende Schicht weitergeleiten. Bei Unterschreitung des Schwellwertes „feuert" dagegen der Knoten nicht. Abb. 4.2 zeigt den Netzaufbau für eine Mutagenitätsstudie: links
im Bild die Eingabeschicht mit den Parametern x_1 bis x_{10}, in der Mitte die verdeckte
Schicht, auch als Hiddenlayer bezeichnet, und rechts die Ausgabeschicht. Als Parameter
der Eingabeschicht dienen für Struktur-Eigenschafts-Simulationen jene Deskriptoren,
wie in Gl. 2-6 dargestellt, z. B. die Konnektivitäten, Trägheitsmomente oder HMO-
Werte. Im Falle der Prozesssteuerung besteht die Eingabeschicht aus hierarchisch geordneten Prozessparametern, bei der Bearbeitung analytischer Fragestellungen sind es z. B.
Signale aus den Analysenspektren. Im ersten Arbeitsschritt entsteht mit einer bestimmten
Menge an Daten, der sogenannten Lernmenge, die Netzorganisation.

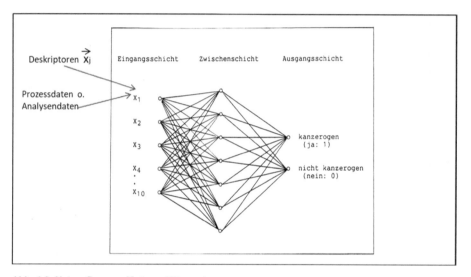

Abb. 4.2: Netzaufbau zur Mutagenitätsanalyse

So bilden bei der Mutagenitätsanalyse die Deskriptoren von Stoffen bekannter Mutagenität sowie ähnlich gebauten Strukturen mit erwiesenen nicht mutagenen Eigenschaften die
Lernmengen zum Netzaufbau. Beide Lernmengen sollten gleich mächtig sein – eine
theoretische Forderung, die praktisch selten realisiert werden kann. Ist das Netz organisiert, lassen sich mit dem erlernten Netzaufbau Stoffe unbekannter Wirkung klassifizieren. Man beginnt die Simulation mit willkürlich ausgewählten Parametern x_i. Ziel der
interaktiven Simulationen sind fehlerfreie Klassifizierungen in möglichst kurzer Zeit.
Ausgehend von einer fehlerfreien Klassifizierung reduziert man dann im interaktiven
Dialog die Merkmale auf ein Minimum. Am Ende eines solchen interaktiven Dialoges
ergeben sich die für den Netzaufbau zwingend notwendigen Merkmale, auch prägende
Merkmale genannt.
   Die Netzorganisationen wurden stets zu Beginn von Arbeitspausen gestartet. Am Pau-
senende war die Freude groß, wenn eine Klassifizierung vorlag. Erstmals hatte ein Rechner für den Anwender „gearbeitet" und nicht, wie bisher üblich, der Anwender für ihn.
20 Jahre lang mussten die Datenjobs in Stahlkästen verpackt zum Rechenzentrum ge-

schleppt werden. Das kostete bei mäßigem Erfolg viel Zeit, nicht selten eben auch die Pausen. Die Netzorganisation mit den „Schneider"-Rechnern (Tab. 9.2, Zeile 7) gab allen Akteuren zum ersten Mal das Gefühl, dass Rechner auch recht produktive Werkzeuge sein konnten.

4.2 Abbildung des LDPE-Produktionsprozesses in Buna

4.2.1 Die Strichfahrweise

Im Jahre 1987 übergibt die Firma Union Carbid aus Texas an die Buna-Werke eine 25-kT-Anlage zur Herstellung von **LDPE**-Typen. Doch bei der Papierfolientype stimmt die erzeugte Qualität nicht. Die Folien sind stets verstippt, d. h. in den Folien sind kleine runde Punkte zu erkennen, deren Zustandekommen niemand kennt. Alle Abschnittsleiter sind sich anfangs bei den Rapporten einig, dass das Problem nicht in ihrem Abschnitt liegen kann. Erschwerend kommt hinzu, dass in jedem Abschnitt verschiedene Einflussgrößen auf die Produktqualität einwirken. Der gesamte Produktionsprozess ist also im mathematischen Sinne multivariat. Man überschaut mitunter kaum, wie eine vorsichtige Änderung eines Prozessparameters sich auf den Gesamtprozess auswirkt. Allen Anlagenfahrern in der Messwarte ist eine strikte „Strichfahrweise" verordnet worden und sie halten sich an diese Weisung. Doch trotz größter Sorgfalt ändert sich an der Stippenproblematik über Wochen nichts. Deshalb soll mit verschiedenen Mustererkennungsverfahren der Prozess analysiert werden. Als Erstes wird der Polymerisationsprozess untersucht.

4.2.2 Randspezifische Unschärfe zur Steuerung des Polymerisationsprozesses

Eine Mustererkennung aller Polymerisationsfahrten zeigt, dass die Produkte sehr empfindlich auf kleine Veränderungen in der Katalysatorzusammensetzung reagieren. Das exakte Einwägen von Katalysator und Trägermaterial bringt zwar sofort eine leichte, aber keine wesentliche Verbesserung in der Stippigkeit der Papierfolientype. Das Ward-Cluster (Abb. 4.3) enthält aber noch eine weitere Information. Bei unruhigen Fahrweisen ergeben sich für aufeinanderfolgende Chargen gleicher Katalysatorzusammensetzung mitunter hohe Distanzwerte. Fahrweisen homogener Produkte zeichnen sich umgekehrt bei fortlaufenden Chargen dagegen durch sehr geringe Distanzen aus. Und obwohl der Verdacht besteht, dass die Inhomogenitäten ihre Ursache in den Regeleingriffen haben könnten und dieser Verdacht durch die Clusteranalyse letztlich erhärtet wird, ist gegen die damals herrschende Expertenmeinung einer strikten „Strichfahrweise" nicht anzukommen. Es wird weiter geregelt, auch dann, wenn es sich nur um stochastische Schwankungen der Messgeräte handelt (Abb. 4.4). Doch manchmal helfen Zufälle in der Wissenschaft. Ein gerade eingestellter Hochschulabsolvent muss die Anlage über das Wochenende fahren. Er ist in der Prozesssteuerung noch unerfahren. Deshalb bekommt er den Rat, nur im äußersten Notfall und nach telefonischer Rücksprache einen Steuereingriff vorzunehmen. Er hält sich an die Vereinbarung und legt am Montag darauf zum Erstaunen der Experten eine stippenfreie Folie vor. Damit ist der Beweis erbracht, dass nicht notwendige Regeleingriffe die Ursache für die Inhomogenitäten bilden. Doch wie soll man in Zukunft einen solchen multivariaten Prozess „fahren", wie ihn steuern?

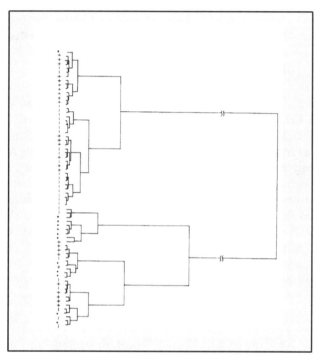

Abb. 4.3: Clusterung nach der Ward-Methode von LDPE-Produktionsfahrten

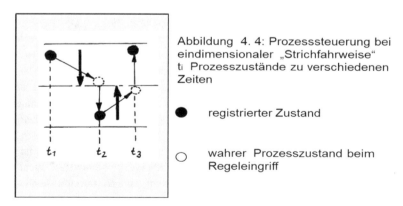

Abbildung 4. 4: Prozesssteuerung bei eindimensionaler „Strichfahrweise"
ti Prozesszustände zu verschiedenen Zeiten

● registrierter Zustand

○ wahrer Prozesszustand beim Regeleingriff

Abb. 4.4: Prozesssteuerung bei eindimensionaler „Strichfahrweise"

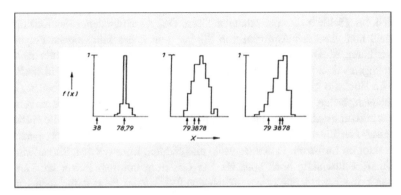

Abb. 4.5: Randspezifische Unschärfefunktionen von drei Prozessparametern der LDPE-Type „Papierfolie"

Offensichtlich handelt es sich bei der Gasphasen-Polymerisation um einen sehr sensiblen Prozess. Geringste Regeleingriffe führen zu unterschiedlichen Polymerisaten. Sie bilden in einer Pulvermischung dann die Inhomogenitäten in Form der Stippen. Die Zahl der Regeleingriffe lässt sich dadurch drastisch reduzieren, dass man für die Prozesssteuerung mit der Prozessgeschichte arbeitet.

Aus den Regelgrößen werden zunächst die prägenden Merkmale z. B. durch ein Neuronales Netz ermittelt. Nicht alle Messgrößen sind wirklich prozessbestimmend. Die Parameter von Chargen guter Qualität bilden Verteilungen, die sogenannten randspezifischen Unschärfeverteilungen (Abb. 4.4). Sie sind deshalb als unscharf zu betrachten, da die Messgeräte stochastischen Schwankungen unterliegen. Aber bei diesen Schwankungen darf so lange nicht gegengesteuert werden, wie die entsprechende Messgröße sich im Regelintervall bewegt, denn es handelt sich ja nicht um Prozessschwankungen. Kennt man die Verteilungen, kann man mit der Prozessgeschichte steuern. Von den drei in Abb. 4.5 dargestellten Chargen fällt Charge 38 beim ersten Merkmal (linke Seite) aus der Verteilung. Hier wäre eine Gegensteuerung angebracht. Die Chargen 78 und 79 liegen zwar auch nicht mittig zur Strichfahrweise, gehören aber zu den Chargen akzeptabler Qualität. Man braucht in diesem Falle nicht steuernd eingreifen [4.4 – 4.7]. Zweifelsohne stellt der Gedanke, multivariate chemische Prozesse mathematisch unscharf zu steuern, damals einen gravierenden Eingriff in die Denkweise der technischen Chemie dar. Zu sehr war der Gedanke einer strikten Strichfahrweise in den Köpfen der Abschnittsleiter verankert.

4.2.3   Das „Engelshaar"

Als alle Akteure meinen, das Stippenproblem durch das Steuern mit randspezifischen Unschärfefunktionen, also durch eine Fuzzy-Fahrweise gelöst zu haben, treten die Stippen erneut auf. Beim Abfahren von PE-Pulver aus dem Pulversilo zur Konfektionierung entsteht wieder verstippte Ware. An der Prozesssteuerung kann es zwar nicht liegen, aber dennoch empfinden alle die erneute Verstippung als eine herbe Enttäuschung. Dennoch lässt sich das Problem diesmal schneller lösen. Der Abschnittsleiter der Konfektionie-rung weiß nun, dass das Auftreten von Stippen immer auf inhomogene Polymerisate zurückzuführen ist. Die Ursache kann sowohl am ungeschickten Steuern als auch durch Verunreinigen mit anderem PE-Produkt liegen. Die Beobachtung, dass über dem PE-Pulver im Hochsilo hauchfeine, sehr leichte Fäden schweben, die die Arbeiter „Engels-haar" nennen, bringt die Ursachenanalyse schnell voran. Die Fäden mit unverstippter Ware vermischt, ergeben eine stark verstippe Folie. Doch an welcher Stelle entsteht das Engelshaar? Der Entstehungsort lässt sich schließlich lokalisieren. Das Polymerisat wird vom Reaktor im Luftstrom in den Hochsilo eingefahren. Kurz vor dem Siloaufgang biegt die Leitung rechtwinklig noch oben ab. Der Gasstrom mit dem Pulver wird an dieser Stelle stark abgebremst, ehe er um 90° abgewinkelt wieder Fahrt aufnehmen kann. Bei diesem Abbremsen konvertiert Translationsenergie in Wärmeenergie. Der Krümmer ist sehr heiß. Die Wärmeenergie wird in chemische gewandelt. Es kommt zu Kettenbrüchen und Neubildungen (Pfropfungen) an der Polymerisationskette und damit zur Bildung eines anderen Polymerisates.

4.3   Ermittlung von Dioxinemittenten durch Clusteranalyse

4.3.1   Euklid im Matenadaran

Das Matenaderan ist eigentlich eine Handschriftensammlung alter armenischer Texte. Für einen Ausländer, falls er nicht zufällig die armenische Sprache beherrscht, kein Ort zum musealen Verweilen. Um die Dokumente zu schützen, befinden sich diese in einem Bunker tief in einem Berg oberhalb der Stadt Jerewan eingelagert. Doch das Archiv bewahrt weit mehr als nur armenisches Schriftgut auf, u. a. auch Schriften aus der Pto-lemäerzeit. Von besonderem Interesse sind die mathematischen Abhandlungen des *Euk-lid* oder eines seiner Schüler. Und obwohl in Altgriechisch verfasst, sind die Darlegun-gen für einen mathematisch gebildeten Besucher recht gut verständlich. Eine Ableitung der geometrischen Distanz von Vektoren im 3-dimensionalen Raum lässt sich durch die Zeichnungen und Formeln auch ohne Kenntnis der Textstellen verstehen. Es ist schon faszinierend, dass die historischen Texte zu heutigen mathematischen Darstellungen kaum einen Unterschied aufweisen.

4.3.2   Die Euklidische Distanz in der Clusteranalyse

Euklid bestimmt aus geometrischen Parametern x_i die Entfernungen der Körper im 3-dimensionalen Raum. Mit seiner Distanz-Formel lassen sich auch die Ähnlichkeiten von Objekten, also ihre Nähe zueinander im virtuellen Merkmalsräumen bestimmen, wenn man anstelle der geometrischen Parameter quantifizierbare Eigenschaftsmerkmale in Form von Deskriptoren nach Gl. 2-6 einsetzt.

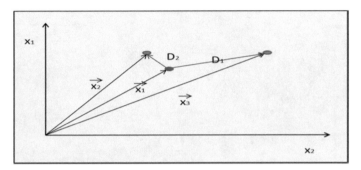

Abb. 4.6: Euklidische Distanzen als Ähnlichkeitsmaße, Objekt $\vec{x_2}$ zu $\vec{x_1}$ ähnlicher als zu Objekt $\vec{x_3}$, da $D_2 < D_1$

Zwei Objekte sind mathematisch umso ähnlicher, je kleiner ihre Euklidische Distanz im mehrdimensionalen Merkmalsraum ist. Das Distanzmaß D_{jk} zwischen den Objekten j und k, ergibt sich zu:

$$D = \sum [(x_{ij} - x_{ik})^2]^{1/2}$$

Gl. 4-5

mit: x_{ij} i-tes Merkmal des Objektes X_j,
        x_{ik} i-tes Merkmal des Objektes X_k ;
das Ähnlichkeitsmaß S zwischen den beiden Objekten j und k dann zu:

$$S_{jk} = 1 - D_{jk}/D_{max}$$

Gl. 4-6

mit: D_{max} der größten Distanz im Merkmalssatz.

Das Euklidische Distanzmaß gibt also der Ähnlichkeit von Objekten im virtuellen, mehrdimensionalen Merkmalsraum eine Quantifizierung, eine Maßzahl. Mit dieser Zahl lassen sich Objekte klassifizieren. Große Distanzen trennen Objektmengen, kleine vereinigen sie.

Der Gebrauch dieser Formel zur Bestimmung von Ähnlichkeiten erfolgt erstmals im Jahre 1935 im Biologischen Institut der Friedrich-Schiller-Universität in Jena zur Klassifizierung von biologischen Materialien. Man definiert biologische Merkmale von Pflanzen, berechnet die Distanzwerte der Objekte, ordnet sie ihrer Größe nach in einem sogenannten Dendrogramm und klassifiziert auf diese Weise unbekannte Pflanzen.

Der Algorithmus zur Dendrogrammbildung erfolgt in mehreren Schritten. Zunächst sucht man die beiden Objekte mit der kleinsten Distanz und verbindet sie miteinander zu einem gemeinsamen neuen, virtuellen Objekt. Dann wird diese Prozedur solange wiederholt, bis alle Objekte miteinander verbunden, sprich „geclustert" sind. Trägt man die Objektnotationen gegen ihre Distanzwerte auf, ergibt sich das Dendrogramm (Abb. 4.7).

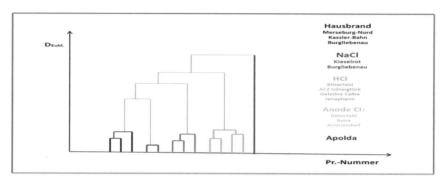

Abb. 4.7: Dendrogramm einer Clusteranalyse Massenspektren von Dioxinanalysen

Als Beispiel für eine Clusteranalyse sei ein Dendrogramm aus Massenspektren von Dioxinanalysen demonstriert. Die Substanzklasse der Dioxine besteht aus 210 Kongeneren. Darunter versteht man 75 verschieden chlorierte Dibenzo-p-dioxine und 135 chlorierte Dibenzofurane. Die Kongenerenzusammensetzung ist für jeden dioxinbildenden Prozess typisch und einzigartig. Kennt man aus einer massenspektroskopischen Analyse das Isotopenmuster des Molekülpeaks, kann also auf den Verursacher des Kongeneren geschlossen werden. Zur Identifizierung des Emittenten unterwirft man die massenspektroskopischen Daten obengenannter Clusteranalyse. Dioxinmuster ähnlicher Herkunft clustern mit kleineren Euklidischen Distanzen als unähnliche.

So sollte z. B. die Probe „Apolda", im Dendrogramm rechts, dadurch entstanden sein, dass natriumchloridhaltige Nahrungsmittelreste in einem Trockenwerk bei zu hohen Temperaturen unsachgemäß getrocknet worden waren. Doch diese Behauptung kann durch das Dendrogramm als falsch widerlegt werden. Die „Apoldaprobe" besitzt zu allen Dioxinproben von NaCl- oder HCl-Produktionsanlagen keinerlei Ähnlichkeit. Jahre später kann die eigentliche Dioxinquelle ermittelt werden. Das Trockenwerk bezieht damals zur Wärmeerzeugung Holz aus dem Thüringer Wald. Das gelieferte Holz ist auf einem früher genutzten Köhlerplatz gewachsen. Die Bäume haben die bei der Holzkohleherstellung entstandenen Dioxine bei ihrem Aufwuchs akkumuliert. Heute nutzt man das Phänomen der Dioxinakkumulation durch Pflanzen zur Bodenentgiftung. Verschiedene Ölsaaten können relativ schnell dioxinkontaminierter Böden biologisch entgiften, indem sie die Dioxinmoleküle in ihren Ölkernen einlagern.

4.3.3   Dioxinkongenere um den Produktionsstandort Schkopau

Wie wichtig und nützlich die Dendrogamme zur Dioxinproblematik für die Buna Werke in Schkopau waren, zeigte sich zu Anfang der 90er-Jahre. Für alle entdeckten Dioxinfunde rings um Halle wurden medienwirksam erst einmal die Chlor-Alkali-Elektrolysen in Schkopau bzw. Ammendorf als Verursacher ausgemacht. Ökoaktivisten hefteten wiederholt Transparente mit der Aufschrift „Produkte aus Buna – Krebs aus Buna" an den Werkzaun. Letztlich ging es aber immer um handfeste wirtschaftliche Interessen. So behauptete ein Milchbauer aus Burgliebenau, einem Dorf östlich von Schkopau, dass seine Wiesen mit Buna-Dioxin belastet wären. Im Ergebnis der Clusteranalysen konnten zwei unterschiedliche Dioxin-Emittenten ermittelt werden. In einer der Dorfstraßen von Burgliebenau wohnten vornämlich Bergarbeiter der Grube Lochau und verheizten Braunkohlenbriketts aus **Salzkohle**, die sie reichlich als Deputatkohle erhielten. In einer anderen Dorfstraße verheizten die Waldarbeiter der Revierförsterei Eichenholz. Mit ihren Pfahlwurzeln waren die Eichenbäume in der Elsteraue bis in die Soleschicht des Dürrenberger Salzstockes vorgedrungen und hatten in ihr Holz NaCl eingelagert, das beim Verbrennen entsprechende Dioxinkongenere bildete. Alle um die Buna-Werke gefundenen Dioxine gehörten der Klasse der polychlorierten Dibenzo-p-dioxinen an und waren auf thermische Prozesse von Feuerstätten oder ehemalige Braunkohleschweelereien zurückzuführen. 30 Braunkohleschweelereien hatten allein in den Ortsteilen von Ammendorf Radewell und Osendorf seit Mitte des 19. Jahrhunderts etwa 100 Jahre lang produziert. Demgegenüber handelte es sich bei den polychlorierten Aromaten des Anodenschlammes der Chloralkalielektrolysen stets um polychlorierte Benzofurane und die konnten gar nicht über Schornsteine ausgetragen werden.

4.3.4   Organisation des GLP-zertifizierten Dioxinlabors in Buna

Eine zertifizierte Dioxinanalyse kostete im Herbst 1989 bei der **PTB** in Braunschweig ca. 10 T DM. Diese Kosten waren auf Dauer für das Buna-Werk nicht aufzubringen. Also wurde der Aufbau eines eigenen Dioxinlabors beschlossen. Doch welche Anforderungen an eine nach **GLP**-Vorschriften zertifizierte Analyse waren überhaupt notwendig? Um das zu erfahren, erfolgte im November 1989 eine Anfrage an die Staatskanzlei nach Hannover. Nur wenige Tage später kamen zwei freundliche Herren aus einer Niedersächsischen Behörde und übergaben uns alle Bauunterlagen für ein zertifiziertes Dioxinlabor. Sie zertifizierten das Labor auch ein halbes Jahr später. Diese Hilfe und schon das Hilfsgesuch hätte nur wenige Wochen zuvor ein Disziplinarverfahren wegen illegaler Kontaktaufnahme mit dem „Klassenfeind" ausgelöst. Aber Ende November 1989 waren die für die Sicherheit Zuständigen nur noch mit sich selbst beschäftigt, nahmen von diesem undisziplinierten Alleingang nicht mehr Notiz.

Zum Unterschied zur damals üblichen massenspektroskopischen Dioxinanalyse nach dem „**Single-ion-monitorig**"-Verfahren wurde in Buna mit der Ionenfallentechnik stets das jeweilige Gesamtspektrum der Probe registriert. Denn nur aus einer Vielzahl registrierter Peaks lässt sich ein Mustererkennungsverfahren zur Unterscheidung der Dioxinkongeneren aufbauen. Und die Sammlung unterschiedlicher Dioxinmuster half, wiederholte Regressansprüche aus dem Umfeld der Buna-Werke abzuwehren. Und schließlich konnte mit dieser neuen Analysenstrategie auch ein Pseudodioxin in einer Probe aus dem Werk Westeregeln, einem Tochterbetrieb der Buna-Werke, nachgewiesen werden. Bei gleichem Molekülpeak wie die Dioxine besaß die untersuchte Verbindung keine typische Aromatenstruktur, war also kein Dioxinkongeneres [4.8].

4.4   Statistische Bewertung von Klassifizierungsergebnissen

Welche Aussagekraft besitzen die Klassifizierungsverfahren und welche statistischen Sicherheiten lassen sich aus den Computersimulationen ableiten? Die Beantwortung dieser Fragen kann mithilfe der *Bayes*schen Statistik erfolgen [4.12]. Vor der Computersimulation bzw. vor einem Test allgemein beträgt die A-priori-Wahrscheinlichkeit bei einem Zweiklassenproblem, eine bestimmte Eigenschaft zu besitzen oder nicht, 50 %. Vom Test erwartet man eine höhere A-posteriori-Wahrscheinlichkeit. Zur Berechnung der A-posteriori-Wahrscheinlichkeit ordnet man die Anzahl der bekannten sowie die Anzahl der Testergebnisse mit positivem oder negativem Testergebnis in einem Schema gemäß Abb. 4.8 an. Man kann aus der jeweiligen Anzahl der gefundenen Ereignisse auf die Wahrscheinlichkeiten für eine positive W^+ bzw. negative Vorhersage W^- schließen. Die Wahrscheinlichkeiten ergeben sich zu:

$$W^+ = a_1/a_1 + a_2$$

Gl. 4-7

$$W^- = a_4/a_3 + a_4$$

Gl. 4-8

bzw. die Konkordanz zu:

$$C = a_1 + a_4/\sum a_i$$

Gl. 4-9

Die Konkordanz beträgt bei den drei überprüften Klassifizierungsverfahren (Tab. 4.2 Spalten 1 bis 3) deutlich über 50 %, d. h. durch die Simulationen mit obigen Klassifizierungsverfahren ist ein Informationsgewinn zu verzeichnen, obwohl die geprüften Datensätze meist eine positive Prävalenz aufweisen:

$$Pr = a_1 + a_3/\sum a_i$$

Gl. 4-10

d. h. im Testdatensatz ca. doppelt so viel mutagen wirkende wie nicht mutagen wirkende Strukturen enthalten sind (Tab. 4.2, Zeilen 3, 4 und 5).

Sowohl die positiven als auch negativen Vorhersagewerte fallen beim Clusterverfahren sowie bei der Netzklassifizierung etwa gleich groß und gut aus (Tab. 4.2, Spalten 2 und 3), schlechter dagegen für die HKA. Das scheint insofern verständlich, da beim Bildschirmprojektionsverfahren durch die Transformation vom d-dimensionalen in den 2-dimensionalen Merkmalsraum Information verloren gehen kann.

Tab. 4.2: Bewertung von Klassifizierungen am Beispiel einer Mutagenitätsstudie von Antioxidantien [5.3]

statistische Größe	HKA [1]	unscharfe Clusterung [2]	Neuronales Netz [3]
[1] positive Vorhersage	0.77	0.91	0.92
[2] negative Vorhersage	0.49	0.73	0.95
[3] Konkordanz	0.64	0.85	0,92
[4] positive Prävalenz	0,65	0,72	0.66
[5] negative Prävalenz	0,35	0.28	0,34

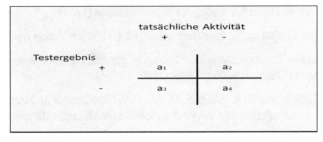

Abb. 4.8: Gegenüberstellung von tatsächlicher Wirkung und Testergebnissen a_i Mengen von Aktivitäten gleicher Wirkung

Man kann die A-posteriori-Werte (Tab. 4.2, Zeilen 1 und 2) von einem Simulationstest als Eingangsinformationen für einen weiteren Test benutzen, z. B. für einen biologischen **CPBS-Test** [4.13], und diesen zweiten Test damit aussagekräftiger gestalten. Das heißt, die Computersimulation können sowohl autark betrieben werden als auch im Verbund mit weiteren biologischen Testverfahren. Sie liefern in jedem Falle einen Informationsgewinn.

Literatur

[4.1] B. Adler, E. Sorkau: Computersimulationen in der Chemie. DVG Leipzig (1990) S. 123

[4.2] R. Henrion, G. Henrion: Methoden zur Interpretation multivariater Daten mit Beispielen aus der Analytischen Chemie. Springer Verlag Heidelberg (1994)

[4.3] E. Schöneburg, N. Hansen, A. Gawelczik: Neuronale Netzwerke. Markt & Technik Verlag Haar (1990)

[4.4] B. Adler et al.: Verfahren zur Prozesssteuerung für Ethylenpolymerisate hoher Homogenität. DD 301 246 A7 22.6.(1989)

[4.5] B. Adler, J. Dunkel, M. Förster, D. Kirsch: Fuzzy-Set-Abbildung einer großtechnischen Polymerisationsanalge. Chem. Techn. **41** (1989) 377–380

[4.6] M. Peschel, S. F. Bocklisch: Unscharfe Modellbildung und Steuerung. In: Wiss. Schriftenreihe der TH Karl-Marx-Stadt **13** (1982) S. 7–19

[4.7] S. F. Bocklisch, F. Bilz: Systemidentifikation mit unscharfen Klassenkonzept. Vorlesung zu Kennwertermittlung und Modellbildung. TH Karl-Marx-Stadt (1977) S. 38–63

[4.8] siehe [5.9] S. 357–358

[4.9] B. Adler: Computerchemie eine Einführung. 2. Erweiterte Auflage DVG Leipzig (1991) S. 118–119

[4.10] G. Henrion, A. Henrion, R. Henrion: Beispiele zur Datenanalyse mit BASIC-Programmen. Berlin Deutscher Verlag der Wissenschaften (1988)

[4.11] E. Weber: Einführung in die Faktorenanalyse. G. Fischer Verlag Jena (1974)

[4,12] D. Stempel: Programmierte Einführung in die Wahrscheinlichkeitsrechnung. 3. Auflage Verlag der Wissenschaften, Berlin (1980)

[4.13] H. S. Rosenkranz, C, S. Mitchell, G. Klopman: Intelligence and Bayesian Decision Theory in the Prediction of Chemical Carcinogens. Mutation Research **150** (1985) S. 1 ff.

[4.14] S. Prikler: Große analytische Datensätze. GDCh Fachgruppe Analytische Chemie, Mitteilungsblatt 2 (2018) S. 19–20

5 Behandlung von Struktur-Eigenschafts-Beziehungen

Aus den Konnektivitätsparametern von *Kier* und *Hall* gemäß Gl. 2-1 und Gl. 2-2 ergeben sich für das Moleküldesign einige Konsequenzen. Will man auf der Basis bestehenden Wissens neue Stoffe mit besseren Wirkeigenschaften kreieren, scheint es wesentlich, ökonomischer mit diesen Konnektivitäten zu arbeiten, als eine rechnergestützte Syntheseplanung auszuführen. Eine Syntheseplanung könnte zwar prinzipiell neues Wissen generieren, doch die Wahrscheinlichkeit, eine völlig neue Synthese zu finden, ist relativ gering und ziemlich kostenaufwendig. Und in der Praxis der Wirkstoffforschung geht es schon aus Kostengründen darum, Neues mit möglichst wenig Aufwand in kurzer Zeit zu entwickeln. Dazu bilden die Konnektivitäten, direkt aus den Molekülgraphen abgeleitet, natürlich ideale Ausgangsparameter.

Das Simulieren von Wirkeigenschaften entsteht bereits Ende der 70er-Jahre des vergangenen Jahrhunderts. Für solche Computerapplikationen gebraucht man unterschiedliche Bezeichnungen. In der Pharma- und Wirkstoffforschung bezeichnet man die Simulationen als **QSWA** bzw. **SER**. Ausgehend von Objekten bekannter Wirkung versucht man, lineare Abbildungen für eine Wirkstoffgruppe zu finden, vorzugsweise mit Parametern aus Subgraphen (Tab. 5.1, Zeilen 1 und 2). Gelingt die Abbildung, lassen sich Wirkeigenschaften von ähnlichen Strukturen unbekannter Wirkung, wie bereits in Abb. 2.7 skizziert, prognostizieren.

Historisch stellt die Simulation anästhesierend wirkender Gase eine der ersten SER-Studien dar. Verblüffend in dieser Studie ist, dass die Gasmoleküle aus völlig unterschiedlichen Elementen bestehen (Tab. 5.1, Zeile 1). Die Abbildung erfolgt allein auf der Basis von χ-Werten gemäß Gl. 2-1 bzw. Gl. 2-2, letztlich auf einer Geometrie- bzw. Volumendarstellung. Auch der therapeutische Index von Pt-N-Komplexen lässt sich recht einfach durch χ-Werte abbilden (Tab. 5.1, Zeile 2). Bei der Simulation der Inhibitorwirkung substituierter Phenole kommen sowohl die Figuren als auch ihre elektronischen Eigenschaften mit den σ-*Hammett*konstanten bzw. ^{12}C-NMR-Verschiebungen zur Anwendung (Tab. 5.1, Zeile 3). Die Mutagenitätsstudie substituierter Biphenyle gelingt allein mit einem Deskriptor aus ^{13}C-NMR-Verschiebungen, also mit Parametern, die die Ladung in den Molekülen charakterisieren (Tab. 5.1, Zeile 5). Welche Parameter muss man anwenden, um adäquate Eigenschaften abbilden zu können? Sicherlich sind für das finale Reaktionsgeschehen zwischen den Akzeptorgruppen in einer Zelle und einem Xenobiotikum Ladungsverteilungen entscheidend. Aber vor einer solchen Reaktion muss der Fremdstoff durch Transportreaktionen in die Zelle gelangen können. Der Andockvorgang erfordert schließlich einen definierten Abstand zwischen den funktionellen Gruppen am Wirkstoffmolekül, um z. B. einen Schloss-Schlüssel-Mechanismus auszulösen. Die Geometrie des Wirkmoleküls prägt letztlich sowohl die Transportprozesse als auch den Andockvorgang. Doch auf die genannten Mechanismen beschränkt sich die

© Springer-Verlag GmbH Deutschland, ein Teil von Springer Nature 2019
B. Adler, *Computerapplikationen in der Mitteldeutschen Chemieregion – ein historischer Abriss*, https://doi.org/10.1007/978-3-662-59056-0_5

Abbildung der Wirkung eines Xenobiotikums im Körper noch nicht. Vielmehr kann die eigentliche Wirkung durch konkurrierende Nebenreaktionen als Folge von enzymatischen Metabolisierungen unterdrückt werden. Hydrophile Gruppen wie die OH- oder COOH-Gruppe begünstigen z. B. desaktivierend wirkende Metabolisierungsreaktionen am Wirkstoff bzw. am Xenobiotikum.

Tab. 5.1: Eigenschaftssimulationen aus Valenzstrichformeln

Problemstellung 1	Methode 2	Abbildung 3	mathematische Beziehung 4	Literatur 5
1 anästhesierende Gase	SER	Korrelation Geometrie	$\log(1/p) = 0{,}632\ ^1\chi + 0{,}517\ ^2\chi$ $+0{,}501$	[5.1]
2 therapeutischer Index	QSWA	Korrelation Geometrie	$\log TI = 0{,}259\ ^1\chi + 1{,}064$	[2.8, 5.17]
3 Inhibitorwirkung von Phenolen	SER	MEV)[1] Geometrie, Ladungen	Kombinationsdeskriptor $\vec{x} = (\ \sigma_p, ^3\chi(S_1),\ ^3\chi(S_2),\ \delta_{NMR}(S_3)$ S_1, S_2 Substituenten in o-Position, S_3 Substituenten in p-Position	[5.18]
4 Pharmaforschung	SER	MEV Wege-Histogramme	$\vec{x} = (w_1, w_2, \dots, w_{max})$ w_i Wege definierter Länge	[5.19, 5.22]
5 Mutagenitätsstudie	SER	MEV Ladungsverteilungen	$\vec{x} = (\delta_1, \delta_2, \dots, \delta_{10})$ δ_i ^{13}C-NMR-Verschiebungen	[5.20]

)[1] MEV Mustererkennungsverfahren

Im Weiteren werden zur Abbildung von Wirkeigenschaften und den Mutagenitätsstudien Kombinationsdeskriptoren, bestehend aus Geometrieparametern und Ladungsverteilungen beschrieben. Dabei geht es stets um die qualitative Aussage „wirkend" oder „nicht wirkend". Welche der a priori ausgewählten Merkmale im Verlaufe des Mustererkennungsprozesses prägend sind, entscheidet sich in einer interaktiven Trainingsphase durch Anwendung Neuronaler Netze.

5.1   Antioxidantien für Schmierstoffe im Hydrierwerk Zeitz

Die computergestützten Simulationen zur Auffindung neuer Schmierstoff-Inhibitoren kann auf Basis von Konnektivitätswerten durch Musterkennungsverfahren bzw. Neuronalen Netzen [5.3] durchgeführt werden. Die inhibierende Wirkung der simulierten Strukturen mit positiver Wirkung erfolgt nach ihrer Synthese mittels eines Standardverfahrens in einer Alterungsapparatur IR-spektroskopisch [5.14]. Prüfkriterium ist das Anwachsen der Carbonylbande bei thermischer Belastung der Öle bzw. die Verzögerung der Oxidation durch den zugesetzten Inhibitor. Abb. 5.1 zeigt solche Inhibitorkurven. Die Kurve 1 gibt den Alterungsverlauf des unlegierten Öls wider. Sie geht nach kurzer

Einwirkzeit steil nach oben. Kurve 2 bildet den Standardinhibitor, N-Methyldiphenylamin, ab. Man erwartet von neuen Inhibitoren mit besserer Inhibitorwirkung einen langsameren Anstieg. Die Kurven 3 und 4 stellen die neuen, rechnergestützt entwickelten Verbindungen mit höherer Inhibitorwirkung dar. Der Anstieg ihrer Carbonylextinktionen erfolgt deutlich langsamer.

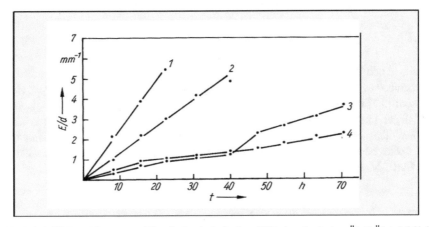

Abb. 5.1: Inhibitorwirkung von Dimethylaminderivaten [5.2], 1 unlegiertes Öl, 2 Öl + 0,5 % N-Methyldiphenylamin, 3 Öl + 0,5 % N,N-Bis(diphenylamino)methanderivat, 4 Öl + 0,5 % Diphenalamin t Zeit in h, E/d Konzentrationsmaß

Beim Mutagenitätstest der Inhibitoren ergibt sich ein Resultat, was zunächst unverständlich ist. Das als Vergleichsprobe für die Mutagenitätsanalyse der Inhibitoren mit eingesetzte Anilin, dessen karzinogene Wirkung durch die gesicherten Fälle von Blasenkrebs bei Anilinarbeitern hinreichend bewiesen schien, tritt in den Clustogrammen stets im Bereich der nicht mutagenen Strukturen auf. Sind Mutagenitätsprognosen prinzipiell unbrauchbar? Mit dem Auffinden einer Veröffentlichung von *Druckrey* [5.5] werden die Ergebnisse der Computersimulationen interpretierbar. Der genannte Autor kann experimentell beweisen, dass ein erhöhtes Krebsrisiko nicht vom Anilin, sondern stets von seinen Verunreinigungen ausgeht. Auch epidemiologische Untersuchungen zeigen, dass bei Personen, die mit Anilin Umgang haben, ein Krebsrisiko von 1 : 1223, also nur zu 0,8 % besteht, mithin statistisch kein erhöhtes Krebsrisiko auftritt [5.21]. Bei den Computersimulationen liegt virtuell stets der ideale, „reine" Stoff vor. Bei den technischen Produkten handelt es sich dagegen fast nie um reine Verbindungen. Technisches Anilin ist z. B. immer mit Benzidinen verunreinigt. Die 4,4'-Diaminobiphenylstruktur entsteht z. B. allein beim Umfüllen von Anilin im Licht durch eine photochemische Sauerstoffoxidation. Diese beim Anilin gewonnene Erkenntnis hat prinzipielle Bedeutung für weitere Mutagenitätsstudien. Eine Klassifizierung technischer Produkte gilt erst dann hinreichend gesichert, wenn alle denkbaren Vor- oder Nebenprodukte in der gleichen Mutagenitätsklasse zu finden sind. So besitzt z. B. das 2-Phenyl-naphthylamin für die Schmierstoffe eine gute Inhibitorwirkung. Es kommt dennoch nicht als Handelsprodukt infrage, weil das technische Produkt stets mit dem karzinogen wirkenden 2-Naphthylamin [5.15] verunreinigt vorliegt.

Alle experimentellen Versuche und ein Teil der Computersimulationen erfolgten im Hydrierwerk in Zeitz. Die Simulationssoftware wurde von den Buna-Werken zur Verfügung gestellt.

5.2   Die Mutagenität organischer Zwischenprodukte

5.2.1   Erste Studien zur Mutagenität

Bereits in den 70er-Jahren des vergangenen Jahrhunderts entwickelt sich ein wachsendes Problembewusstsein für die chemische Karzinogenese. So publizieren u. a. *Woo*, *Arcos* und *Lai* [5.7] eine Zusammenstellung karzinogen wirkender Alkylierungsmittel, *Arcos* und *Argus* [5.8] beschreiben die Karzinogenität bei PAK. Die Beschreibungen dieser Studien dienen anfangs als Startmengen zugeordneter Stoffe für die Computersimulationen. Später bilden ausschließlich die medizinischen Berichte über die Karzinogenität aus den **IARC**-Monographs (Lyon) die Basisdaten.

5.2.2   Computersimulationen zur Mutagenität mit Molekülgraphen

Mit den unter Kap. 2 genannten Verfahren zur Generierung von Subgraphen sowie den Mustererkennungsverfahren aus Kap. 4 werden zunächst von bestimmten Stoffgruppen, die als organische Zwischenprodukte oder Hilfsstoffe für die Herstellung von Polymeren interessant scheinen, Klassifizierungen in mutagen wirkende und nicht mutagen wirkende Strukturen vorgenommen. Zu den untersuchten Stoffklassen gehören u. a. substituierte Biphenyle, aliphatische Chlorverbindungen, aromatische Aminoverbindungen oder die synthetischen Epoxide. Eine Klassifizierung gilt dann als hinreichend gesichert, wenn eine Struktur durch verschiedene Verfahren in der gleichen Mutagenitätsklasse abgebildet wird. Bei Klassenwechsel gilt dagegen die Substanz als nicht klassifizierbar.

Eine Netzorganisation soll beispielhaft an der Mutagenitätsanalyse der PAK diskutiert werden. Zu Anfang des Lernprozesses weiß man nicht, welche Merkmale den Klassifizierungsprozess prägen. Also gibt man zunächst viele Merkmale vor und reduziert nach der ersten sinnhaften Klassifizierung ihre Anzahl so lange, wie die Klassifizierung erhalten bleibt. Zerfällt bei der Merkmalsreduzierung dagegen die Klasseneinteilung, hat man ein prägendes Merkmal unzulässiger Weise gestrichen.

Zum Beispiel steigt beim Streichen des Merkmals „HMO-Wert" im Datensatz PAK 25 die Zahl der fehlklassifizierten Objekte auf zwei (Tab. 5.2, Spalte 2). Das Merkmal kommt deshalb wieder zurück in den Merkmalssatz, denn es ist prägend für die weitere Netzorganisation und das Reduzieren der Eingabedaten wird fortgesetzt. Der Auszug eines solchen interaktiven Dialoges ist in Tab. 5.2 für die Mutagenitätsstudie von PAK aufgeführt. Ziel dieses interaktiven Dialoges ist es, eine minimale Merkmalsmenge bei fehlerfreier Abbildung zu finden (Tab. 5.2, Datensatz PAK-26, Spalte 3). Prägend für die Mutagenitätsanalyse der aromatischen Kohlenwasserstoffe sind ihre **HMO**-Werte (Tab.

5.2, Zeile 2). Weitere prägende Merkmale bei der Mutagenitätsanalyse der PAK sind neben den genannten Energiewerten auch ihre räumliche Form, ausgedrückt durch ein Trägheitsmoment. Gute Klassifizierungen zeichnen sich zudem durch geringe Lernzeiten aus (Tab. 5.2, Zeile 4).

Tab. 5.2: Netzorganisation zur Mutagenitätsstudie für PAK

Netzbezeichnung	PAK-1 (Start) 1	PAK-25 2	PAK-26 (Endergebnis) 3
[1] Zahl der Merkmale	19	5	4 (Minimum)
[2] Merkmal: HMO-Wert	+	-	+
[3] Merkmal: Trägheitsmoment x-Achse	+	+	+
[4] Lernzeit	20 h	40'	50'
[5] Zahl der Fehlzuweisungen	1	2	0

Die Stoffklasse der synthetischen Epoxide erweckt bei den Simulationen besonderes Interesse. Sie lässt sich bis zum Jahre 1996 nicht partitionieren. Das heißt, alle bis dahin bekannten synthetischen Epoxide wirken mutagen.

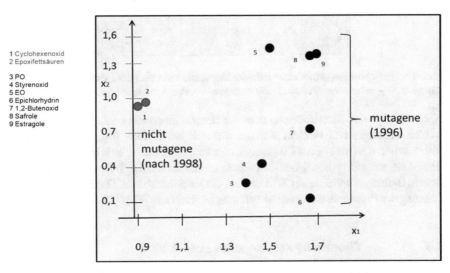

Abb. 5.2: Abbildung synthetischer und nativer Epoxide aus zwei Konnektivitätsparametern x_1 und x_2

Erst die später synthetisch hergestellten Derivate des Cyclohexenoxids sowie die Epoxide aus nativen ungesättigten Fettsäuren weisen keine mutagene Wirkung aus (Abb. 5.2, Objekte links, rot gekennzeichnet).

5.2.3   Mutagenität aus ^{13}C-NMR-Spektren

Die Berechnung von DHMO-Werten ist aufwendig. Elektronische Verhältnisse im Molekül lassen sich aber auch durch ^{13}C-NMR-Werte abbilden. Im Falle von substituierten Biphenylen können 10 Resonanzstellen unterschiedlicher elektronischer Abschirmung entweder aus den ^{13}C-NMR-Spektren entnommen oder relativ einfache über Inkrementberechnungen ermittelt werden. Sie lassen sich hierarchisch zu Deskriptoren entsprechend Gl. 2-6 anordnen und einem Mustererkennungsverfahren unterwerfen.

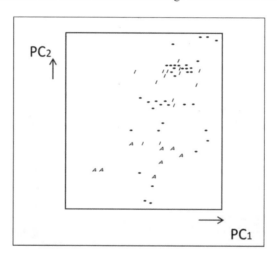

Abb. 5.3: Bildschirmprojektion einer Mutagenitätsstudie substituierter Biphenyle mit ^{13}C-NMR-Signalen   * unbekannte Struktur, I nicht mutagene Struktur, A mutagene Struktur

Abb. 5.3 zeigt eine Klassifizierung nach der Hauptkomponentenanalyse. In der Literatur werden 8 mutagen und 14 nicht mutagen wirkende substituierte Biphenyle beschrieben. Man erkennt, dass eine Anzahl Biphenyle unbekannter Wirkung sich im unteren Teil der Abbildung um mutagene Biphenyle gruppieren und im oberen Teil der Abbildung eine Anzahl Biphenyle unbekannter Wirkung um die nicht mutagenen. Das heißt, eine Klassifizierung der Biphenyle unbekannter Wirkung ist allein aus ^{13}C-NMR-Spektren möglich.

5.3   Chemische Karzinogenese von A bis Z

Alle Simulationsergebnisse, ihre statistische Bewertung sowie die mathematischen Verfahren sind im Buch „Chemische Karzinogenese von A bis Z" zu einem Lexikon zusammengestellt [5.9]. Es erscheint 1996 im DVG in Leipzig/Stuttgart. Ein Kritiker aus München schreibt damals: „Resümierend kann man dieses Lexikon allen interessierten Studenten und Dozenten aus dem naturwissenschaftlichen und medizinischen Bereich uneingeschränkt empfehlen" [5.10]. Ein anderer Gutachter aus Jena formuliert: „Generally, computer simulation seems to be a new way of cancer prophylaxis" [5.11]. Die

Erarbeitung des Manuskriptes hatte allen Mitarbeitern sehr viel Mühe abverlangt. Die Freude über das Erscheinen des Lexikons, an dem über 8 Jahre gearbeitet worden war, und der Stolz über die wohlwollenden Kritiken halten jedoch nicht allzu lange an. Zwar liegt unbestritten eine sehr umfassende Darstellung zur chemischen Karzinogenese, einschließlich der gesetzlichen Bestimmungen und Grenzwerte vor, doch es handelt sich letztlich nur um die analytische Aufarbeitung und Komprimierung vorhandenen Wissens, wenn auch mit damals völlig neuen, digitalen Techniken. Es fehlt allerdings noch ein wesentlicher Teil, nämlich das Aufzeigen von Alternativlösungen zu den mutagenen Strukturen. Wie also könnten Stoffe ohne karzinogene Nebenwirkungen synthetisiert werden? Und bei der Bearbeitung dieser Problematik drängt sich damals die Suche und Synthese nach nicht mutagenen Epoxidstrukturen geradezu auf.

5.4   Nicht mutagene Epoxide aus nachwachsenden Rohstoffen von Wolfen

Die Synthesearbeiten an den nativen Epoxiden beginnen noch in den Buna-Werken. Das ehemalige Kombinat steht bis 1996 noch unter Treuhandkontrolle und heißt nun **BSL**. Die Arbeiten können jedoch bei der Übernahme der Firma BSL durch **DOW Chemical** am Standort Schkopau nicht fortgeführt werden. Deshalb werden Räumlichkeiten im ehemaligen **ORWO**-Werk in Wolfen angemietet und die Firmen DRACOSA AG bzw. die DRACOWO GmbH gegründet. Später kommt eine dritte Firma in Sachsen, die OLEO GmbH am Standort Espenheim hinzu. Doch an eine Produktionsaufnahme zur Epoxidherstellung, auch nur im Technikumsmaßstab, ist anfangs aus Geld- und Gerätemangel nicht zu denken. Also werden zunächst Dienstleistungen aller Art für andere Firmen ausgeführt: Tocopherole aus dem Dämpferkondensat, das bei der der Reinigung von Sonnenblumenöl anfällt, hergestellt, Terpene als Vorstufen für Geruchstoffe epoxidiert oder wissenschaftliche Gutachten angefertigt. Schließlich kommt ein lukratives Geschäft zustande. Die Landwirte, deren Mithilfe für die Rohstoffversorgung mit Ölsaaten benötigt wird, interessieren sich für Biodiesel. Anfangs nur als Tauschhandel zur billigen Rohstoffakquise gedacht, entwickelte sich der Biodieselhandel zeitweise schnell zum Hauptgeschäftsfeld. Aber nicht der Biodiesel selbst wird gehandelt, sondern transportable Kleinstanlagen zur Biodieselerzeugung. Die transportablen Anlagen werden in Zusammenarbeit mit der Fa. MECAN in St Gallen gefertigt. Diesen Anlagen liegt eine kuriose Idee zugrunde. Natürlich können Landwirte nicht jene notwendigen Reinigungsstufen auf ihren Höfen installieren, die zur Erfüllung der Biodieselnorm der Gesetzgeber vorschreibt. Sie sind schließlich keine Chemiker. Spuren von Wasser, KOH und Methanol müssen aus dem Biodiesel aber der Norm entsprechend entfernt werden. Es gibt jedoch einen Stoff, der alle drei Verunreinigungen absorbieren kann. Er ist u. a. in den Babywindeln enthalten, also leicht zugänglich und handhabbar. Der Inhalt von zwei Windeln reicht aus, um 200 L Biodiesel normgerecht von den genannten Verunreinigungen zu befreien. Und mit dieser Technik kommen die Landwirte gut zurecht.

Um im Tonnen-Maßstab überhaupt produzieren zu dürfen, ist eine weitere Hürde zu bewältigen. Es muss eine **BImSchG** erarbeitet werden. Natürlich bieten sich damals für die Ausführung einer BImsch-Studie Dienstleiser-Firmen an. Eine solche Hilfe kommt jedoch aus finanziellen Gründen nicht infrage. Eine Sachbearbeiterin der IHK Dessau hilft unerwarteter Weise bei der Erstellung der Unterlagen. All diese Aktivitäten erzeugen noch keine Tonne Epoxid. Und bei dem beträchtlichen Aufwand allein schon in der Vorbereitungsphase drängen sich natürlich einige berechtigte Fragen auf. Haben oben dargestellte Aktivitäten noch etwas mit Computerchemie zu tun? Hätte nicht ein Mutagenitätstest nach *Ames* [5.16] allein an Laborproben gereicht, den Beweis zu erbringen, dass native Epoxide und ihre Derivate keine mutagene Nebenwirkung zeigen?

Natürlich werden die Mutagenitätsuntersuchungen nach *Ames* vor Aufbau der Produktionsanlagen im Toxlab Bitterfeld ausgeführt und fallen, wie die durch die genannten Computerverfahren simulierten Testergebnisse, ebenfalls negativ aus. Das heißt, es treten keine mutagenen Veränderungen bei Einwirkung nativer Epoxide auf die Bakterienkulturen auf. Aber letztlich geht es um die Substitution einer technischen Produktgruppe – eben der synthetischen Epoxide. Und da reicht ein akademischer Laborbefund nicht aus. Der Beweis ihrer Ersetzbarkeit kann nur durch ein praktikables, billiges technisches Verfahren erbracht werden. Und das erfordert den Aufbau technischer Anlagen, sowohl der Epoxidierungsanlage als auch der verschiedenen Wasch- und Aufarbeitungsstufen. Die Arbeiten erstrecken sich über vier Jahre. Dabei stellt sich schließlich heraus, dass die Epoxidierung nativer Öle mit Persäuren zu den erforderlichen Qualitäten, also Produkten mit sehr hohen EO-Zahlen, niedrigen Viskositäten und hoher optischer Transparenz wieder nur durch Computereinsatz möglich ist, eine manuelle Prozesssteuerung dagegen nicht erfolgen kann [5.13]. Darüber wird in Kap. 6.4 ausführlich berichtet.

5.5   Simulation der Biodegradation von nativen Polyestern in Buna und Wolfen

Die Fragestellung nach der biologischen Abbaubarkeit von Polymermaterialien ist zweiseitig: Einerseits möchte man Polymergegenstände mit hohen Gebrauchswerteigenschaften, die gegen einen vorschnellen bakteriellen Befall geschützt sind. Andererseits ist ein biologischer Abbauprozess zum Recycling dieser Stoffe wünschenswert, wenn man z. B. an die Verunreinigung der Meere mit Plastikteilen denkt.

Vor 30 Jahren versucht man experimentell, beide Fragestellungen abzuklären. Das biologische Abbauverhalten von Polyestern durch Labor- und Freilandversuche zu bestimmen, erfordert damals einen hohen experimentellen Aufwand von etwa 400 T DM pro Abbautest. Der Gedanke, durch rechnergestützte Simulationen einen Schnelltest für die Biodegradation von Polyestern zu entwickeln, stellte deshalb sowohl eine zeit- als auch kostensparende Versuchsdurchführung dar.

Gl. 5-1

$$Esterhydrolyse\ bei\ pH \xrightarrow{\quad} \begin{cases} << 7\ Schimmelpilze \\ < 7\ Lipasen\ von\ Eukaryonten \\ > 7\ Carboxylasen \end{cases}$$

Gl. 5-2

Die hydrolytische Spaltung von Esterbindungen beginnt mit dem Angriff von H_2O an der Carbonylgruppe des Esters gemäß Gl. 5-1 unter Bildung eines Alkanols und einer Carbonsäure. Die Hydrolyse wird bei pH $\neq$ 7 sowohl säurekatalytisch als auch basisch autokatalytisch beschleunigt, beim bakteriellen Abbau enzymatisch durch Lipasen bzw. Carboxylasen gemäß Gl. 5-2. Die Abbaugeschwindigkeit der Ester hängt von den elektronischen Verhältnissen an der Carbonylgruppe ab. So sind konjugierte Ester nicht biologisch abbaubar, aliphatische fast immer, wenn nicht Verzweigungen in α-Stellung zur Carbonylgruppe den Zugang des H_2O-Moleküls an die Carbonylgruppe sterisch verwehren. Beide Effekte kann man durch die Signallagen der Valenzschwingungen der Estergruppen im IR-Spektrum abbilden (Abb. 5.4).

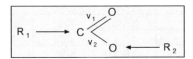

Abb. 5.4: Einfluss der Substituenten R_i auf IR-Signallagen v_i bei Estergruppen

Anstelle langwieriger, kostenintensiver Abbauversuche lässt sich bei Vorliegen eines Polyesters allein aus dessen IR-Spektrum und einer Menge von Referenzspektren mittels Mustererkennungsverfahren eine Aussage über die mikrobielle Abbaubarkeit treffen. Als Referenzen dienen sowohl biodegradable, aliphatische Esterpoymere als auch nicht abbaubare aromatische Polyesterstrukturen (Tab. 5.3).

Zur Simulation werden die beiden IR-Signallage der Carbonylgruppe v_1 (C=O) und der C–O-Einfachbindung v_2 (C–O) in Form eines Vektors $\vec{X}$ dargestellt und die Vektoren aus diesen IR-Signallagen in ein orthonormiertes Basissystem transformiert. Eine solche Transformation hatte *Talrose* in der Analytischen Chemie erstmals zur Identifizierung von Olefinen in Massenspektren von Kohlenwasserstoffen erfolgreich angewendet [5.12].

Biologisch abbaubare Polyester lassen sich nach dieser Transformation von den nichtabbaubaren an der Trennebene: $x_1 > 0.82$ bzw. $x_2 < 0,56$ separieren (Abb. 5.5). Mithin sind alle Ester mit den Koordinaten:

$$x_1' \leq 0,8235 \ und \ x_2' \geq 0,5675$$

Gl. 5-3

biologisch nicht abbaubar; umgekehrt sind Polyester mit den Koordinaten:

$$x_1' > 0,8235 \ und \ x_2' < 0,5675$$

Gl. 5-4

biologisch abbaubar. Polyfettsäureglycide mit den Koordinaten:

$$x_1' > 0,823 \; und \; x_2' < 0,555$$

Gl. 5-5

sind ebenfalls biologisch abbaubar. Man kann ihren Abbau jedoch durch den gezielten Einbau von aromatischen Polycarbonsäureeinheiten erschweren oder total blockieren, letztlich den biologischen Abbau nach Maß einstellen (Tab. 5.3, Zeilen 8 und 9) [5.13]. Alle Simulationsergebnisse über den biologischen Abbau wurden stets durch Versuche in einer Freilandrotte validiert.

Tab. 5.3: Auswahl einiger Polyester als Referenzen zum Bioabbau

Polymer	Strukturelement	v_1 in cm^{-1}	v_2 in cm^{-1}	Transformation		Abbau
				x_1'	x_1'	
[1] PHB	-OC=OCH$_2$CHCH$_3$	1740	1160	0.832	0,55	+
[2] PCL	-OC=O(CH$_2$)$_5$-	1726	1189	0,824	0,56	+
[3] PET	-ArC=OO(CH$_2$)$_2$-	1722	1263	0,8	0,59	-
[4] APC	-ArOC=OOAr-	1776	1227	0,82	0,57	-
[5] PLA	-OC=OCHCH$_3$-	1758	1091	0,83	0,56	+
[6] PBT	-ArC=OO(CH$_2$)$_4$-	1713	1280	0,8	0,59	-
[7] STAC	-CH$_2$OC=OCH$_3$	1744	1035	0,86	0,51	+
[8]	aliphatische Vernetzer				>0,82	+
					<0,56	
[9]	aromatische Vernetzer				<0,82	-
					>0,56	

APC aromtisches Polycarbonat, PBT Polybutylenterephthalat, PCL Polycaprolacton PET Polyethylenterephthalat, PHB Polyhydroxybuttersäure, PLA Polymilchsäure, STAC Stärkeacetat

Obwohl man also über genügend Erfahrungen im Herstellen biologisch abbaubarer Polyesterfolien verfügt und ein biologischer Abbau nach Maß, wie oben gezeigt, sogar einstellbar ist, haben sich bisher biologisch abbaubare Polyesterfolien nur als Nischenprodukte in der Wirtschaft etablieren können. Gegen die im Kap. 4.1 dargestellten Papierfolien aus PE sind Polyesterfolien in ihrer Herstellung einfach zu teuer. Für die Recyclingkosten müssen ja nicht die Folienhersteller aufkommen. Man hätte vom Standpunkt des Recycelns also eine technisch sauberere Lösung, nutzt aber eine scheinbar billigere, weil planmäßiges Recyceln von staatlichen Institutionen bisher nicht organisiert und durchgesetzt werden kann.

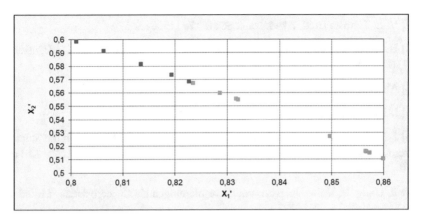

Abb. 5.5: Transformationswerte im 2-dimensionalen Merkmalsraum

■ nicht abbaubar, ▨ abbaubar

Literatur

[5.1] M. Randic': On Characterization of Molecar Branching. J. Am. Chem. Soc. **97** (1975) S. 6609

[5.2] B. Adler, B. Eitner, M. Winterstein: Simulation von Wirkeigenschaften, Chem. Techn. **45** (1993) S. 94–98

[5.3] B. Eitner: Struktur-Eigenschafts-Untersuchungen zur Abbildung der Antioxidans-wirkung organischer Stickstoffverbindungen. Dissertation PH Erfurt-Mühlhausen (1992)

[5.4] B. Adler et al.: Computergestützte Vorhersage karzinogener Eigenschaften von Aminobiphenylen. Chem. Techn. **44** (1992) S. 363–367

[5.5] H. Druckrey: Versuche zur Krebserzeugung mit Anilin und Anilinderivaten. Arch. Klin. Chir. **264** (1950) S. 45–55

[5.6] B. Adler et al.: Computer gestützte Struktur-Eigenschafts-Beziehungen. Z. Chem. **28** (1988) S. 51–57

[5.7] Y. T. Wood, J. C. Arcos, D.Y. Lai: Metabolic and Chemical Activation of Carcinogens – An Overview. In: Chemical Carcinogens Elsevier (1988)

[5.8] J. C. Arcos, M. F. Argus: Moleculare Geometry and Carcinogenic Activity of Aromatic Compounds. New Perspectives. Adv. Cancer Research **11** (1968) S. 305–472

[5.9] B. Adler, H. Ziesmer: Chemische Karzinogenese von A bis Z. DVG Leipzig/Stuttgart (1996)

[5.10] A. Luch: Buchbesprechung. Nachr. Chem. Tech. Lab. 44 (1996) S. 902

[5.11] A. Barth: Buchbesprechung. Experimental and Toxikologic Pathology **49** (1997)

[5.12] V. L. Talrose: Dokl. Akad. Nauk SSSR **170** (1966) S. 579

[5.13] B. Adler: Native Epoxide und Epoxidharze. Springer Verlag GmbH Deutschland (2017) S. 86 ff.

[5.14] Alterungsapparatur gemäß TGL 17745

[5.15] IARC Monographs **4** (1974) S. 237

[5.16] J. McCann, B. N. Ames: Detection of Carcinogens and Mutagens in the Salmonella-Microsomes Test: Assay of 300 Chemicals. Proc. Nat. Acad. Sci. USA **73** (1976) S. 950

[5.17] E. Uhlig, B. Hein: Übergangsmetallverbindungen als Cancerostatika. Mitteilungsblatt CG **10** (1984) S. 194–200

[5.18] in [4.1] S. 110

[5.19] in [2.4] S. 25–26

[5.20] in [4.1] S. 126

[5.21] IARC-Monographs Suppl. 4 (1982) S. 49

[5.22] B. Adler, J. Will: Prediction of Chemical Carcinogenicity. Software Development in Chemistry **5** (1991) S. 91–94

6 Computergestützte Produktions- und Überwachungssysteme

6.1 Abwasserkontrolle in Schkopau

Die Buna-Werke betrieben eine moderne zentrale Abwasserkläranlage mit einem Durchsatz von ca. $1,1 * 10^4$ m³/h. Jeder produzierende Betriebsteil war zudem mit einem Mehrkammersystem zur Produktzurückhaltung für den Havariefall versehen. Eine Laboranalytik kontrollierte im Schichtsystem die Einhaltung staatlich festgelegter Grenzwerte und eine mobile Kanalkontrollgruppe überwachte zusätzlich die Einhaltung des Einleitungsverbotes von Produktabfällen oder Fehlchargen. Und trotz dieser Sicherheitsvorkehrungen kam es immer wieder zu erheblichen Störungen im Klärwerksbetrieb. Sie wurden meist nicht durch Betriebsstörungen, sondern durch undiszipliniertes Handeln des Anlagenpersonals in den Produktionsbetrieben verursacht. Das Abtöten der Mischbiozönose in den Belebtbecken im Winter oder riesige Schaumberge auf der Saale zeigten unerlaubte Einleitungen an. Aber es gab auch objektive Schwierigkeiten für das zeitweilige Versagen der Kläranlage. Das zeitgleiche Einleiten von Abwässern der Weichmacherproduktion und von tensidhaltigen Abwässern führte zu steifen Schäumen, die auf dem Abwasser schwammen und sich nur schwer biologisch klären ließen. Schwierig gestaltete sich die Abwasserkontrolle auch dadurch, dass bestimmte Produkte an verschiedenen Stellen im Werk parallel hergestellt wurden. Es gab z. B. mehrere Tensid- oder PVC-Herstellungsbetriebe. Im Havariefall erkannte die Kanalkontrollgruppe den Verursacher mitunter viel zu spät. Die Überwachung der **NIT**-Produktion erfolgte durch eine relativ langsam arbeitende Laboranalytik. Für die Charakterisierung der NIT existierte zudem kein spezifischer physikalisch-chemischer Effekt, den man für eine just-in-time-Kontrolle hätte nutzen können. Das war die Ausgangssituation vor Aufbau einer sensorischen Abwasserkontrolle.

Abb. 6.1: Bau E48, Tensidfabrik für NIT, links unten: Elektronikschrank für Multisensor

© Springer-Verlag GmbH Deutschland, ein Teil von Springer Nature 2019
B. Adler, *Computerapplikationen in der Mitteldeutschen Chemieregion – ein historischer Abriss*, https://doi.org/10.1007/978-3-662-59056-0_6

6.2   Multivariate Sensoren zur NIT-Abwasserkontrolle in Buna/Barleben

Anstelle der in der Prozessanalytik eigentlich üblichen Betrachtungsweise, Grenzwertüberschreitungen aus einer Menge registrierter, eindimensionaler Konzentrationssignale zu bestimmen, geht die Zustandsanalytik prinzipiell von einer multivariaten Prozesscharakterisierung aus. Die Bewertung eines aktuellen Prozesszustandes erfordert dabei stets die Verfügbarkeit von Daten über vorangegangene Prozesszustände (Fahrten), mithin die Kenntnis der Prozessgeschichte. Solch eine Betrachtungsweise ist immer dann vorteilhaft, wenn:

- a priori eine multivariate Problemstellung vorliegt,
- eine sensorische Erfassung von Einzelsignalen technisch nicht realisierbar oder unökonomisch ist oder
- ein Steuereingriff in den Prozess just-in-time zu erfolgen hat.

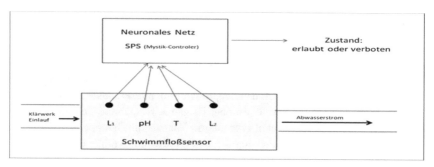

Abb. 6.2: Prinzip des multivarianten Abwassersensors, L_i Leitfähigkeiten, pH pH-Wertmessung, T Trübungsmessung

Für die Überwachung von Abwasserströmen von Produktionsanlagen für NIT (Abb. 6.1) treffen oben genannte Kriterien zu. Vor allem fehlt die eigentlich wichtige Größe zur just-in-time-Bestimmung von NIT-Konzentrationen. Der Gedanke, NIT-Rückstände im Abwasser ohne ein substanzspezifisches Signal zu erkennen, begründete sich auf folgender Überlegung: In einem Volumenelement eines Abwasserkanals herrscht im regulären, ungestörten Prozess ein stationärer Zustand. Er kann z. B. durch einen definierten pH-Wert, eine bestimmte Leitfähigkeit oder andere, durch einfache Messmittel abbildbare Parameter charakterisiert werden (Abb. 6.2 und Abb. 6.3).

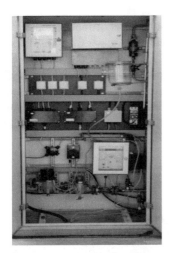

Abb. 6.3: Multivariater Abwassersensor zur NIT-Überwachung [6.1]

Durchströmt nun eine Tensidfront ein solches Messfeld, verursacht das andere Stoffge-
misch Messwertänderungen an den Messgeräten. Da man den eigentlichen Analyten
nicht bestimmen kann, analysiert man also das Umfeld. Doch das geht nur multivariat.
Weisen die Messmittel einen Trend aus, liegt eine Prozessänderung vor. Aber allein die
Aussage „Trend" reicht zur automatischen Erkennung eines Tensiddurchbruches noch
nicht aus. Man muss vielmehr die Art des Trends ermitteln. In Frage kämen neben dem
gesuchten Prozesstrend, „NIT-Durchbruch", auch ein Matrixtrend, bei dem ein ganz
anderer Stoff im Abwasserstrom auftaucht, oder ein Sensortrend, bei dem ein Sensor
eine Missweisung anzeigt, bis hin zum Defekttrend, bei dem der Sensor physikalisch,
u. a. durch Schmutzablagerungen beschichtet, ausfällt. Das heißt, die Unterscheidung der
Trendzustände stellt das eigentliche Problem in der NIT-Prozessanalytik dar [6.2].

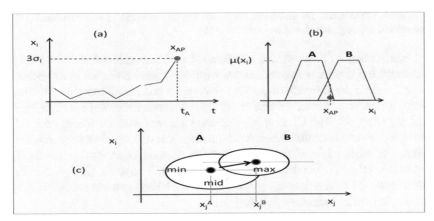

**Abb. 6.4: Prozessabbildungen, (a) zeitlicher Verlauf der Prozessgröße xi, (b) unscharfe Cluster
der Prozesszustände A und B, (c) Sekundärmerkmal „Richtung"**

Eine Trendunterscheidung gelingt mit der Bildung von sogenannten Sekundärmerkmalen. Sie stellen zeit- oder clusterbezogene Größen der Primärdaten dar. Ausgewertet werden neben dem aktuellen Prozessparameter alle verfügbaren vorangegangenen Prozessgrößen. Registriert nun zu einem bestimmten Zeitpunkt t_A ein Sensor i den Merkmalswert x_i, der $> 3\ \sigma$ über dem Mittelwert x_i liegt (Abb. 6.4, Teil A), stellt sich die Frage der Zugehörigkeit dieses Messwertes. Gehört der Wert noch zur Grundgesamtheit A des erlaubten Prozesszustandes oder bereits zur Grundgesamtheit B eines verbotenen Betriebszustandes?

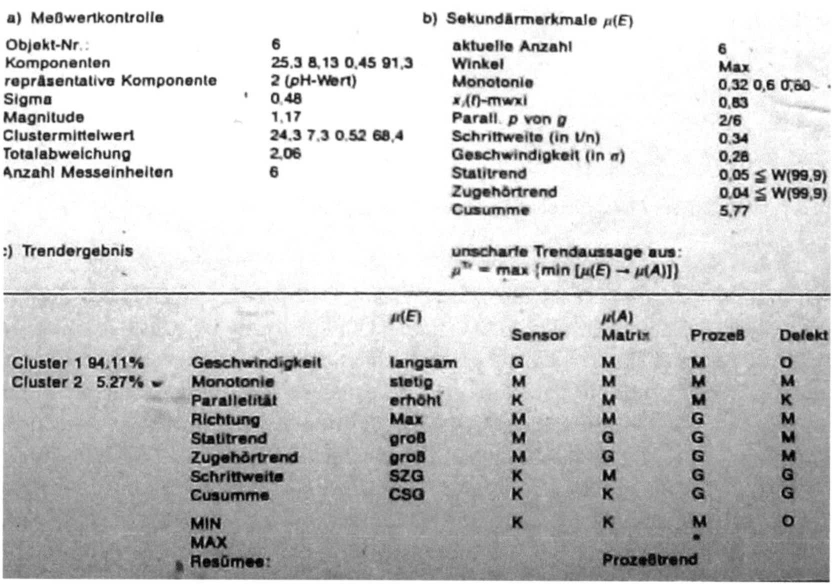

a) Meßwertkontrolle

Objekt-Nr.:	6
Komponenten	25,3 8,13 0,45 91,3
repräsentative Komponente	2 (pH-Wert)
Sigma	0,48
Magnitude	1,17
Clustermittelwert	24,3 7,3 0,52 68,4
Totalabweichung	2,06
Anzahl Messeinheiten	6

b) Sekundärmerkmale $\mu(E)$

aktuelle Anzahl	6
Winkel	Max
Monotonie	0,32 0,6 0,60
$x_i(f)$-mwxi	0,83
Parall. p von g	2/6
Schrittweite (in l/n)	0,34
Geschwindigkeit (in σ)	0,28
Statitrend	$0,05 \leq W(99,9)$
Zugehörtrend	$0,04 \leq W(99,9)$
Cusumme	5,77

c) Trendergebnis

unscharfe Trendaussage aus:

$$\mu^{Tr} = \max \{\min [\mu(E) \rightarrow \mu(A)]\}$$

		$\mu(E)$	Sensor	$\mu(A)$ Matrix	Prozeß	Defekt
Cluster 1 94.11%	Geschwindigkeit	langsam	G	M	M	O
Cluster 2 5.27%	Monotonie	stetig	M	M	M	M
	Parallelität	erhöht	K	M	M	K
	Richtung	Max	M	M	G	M
	Statitrend	groß	M	G	G	M
	Zugehörtrend	groß	M	G	G	M
	Schrittweite	SZG	K	M	G	G
	Cusumme	CSG	K	K	G	G
MIN			K	K	M	O
MAX						
Resümee:					Prozeßtrend	

Abb. 6.5: Prioritätsentscheid für eine Trendcharakterisierung (Rechnerprotokoll), a) Eingabedaten, b) Sekundärmerkmale als unscharfe Steuereingangsgrößen μ(E), c) Prioritätsentscheid als Prozesstrend aus linguistischen Steuergrößen μ (A)

Zur Beantwortung der Frage werden acht Sekundärmerkmale gebildet, u. a. das Merkmal „Richtung". Bei diesem Sekundärmerkmal wird der Winkel zwischen einer gedachten Verbindungslinie der Clustermittelpunkte von A und B und der Richtung der Merkmalsbewegung bestimmt. Winkel < 5 deuten mit hoher Wahrscheinlichkeit auf einen Prozesstrend hin (Abb. 6.4, Teil C). Drei linguistische Parameter charakterisieren mit: „min", „mid" oder „max" die Größe eines Sekundärmerkmals in Abhängigkeit vom errechneten Winkel. Ein solches Sekundärmerkmal wäre also clusterbezogen. Andere aus der Prozessanalytik bekannte Trendaussagen basieren auf zeitbezogenen Größen. Zu ihnen gehören z. B. die beiden Trendaussagen des CUSUM-Tests und ein statistischer Test, auch als „Statitrend" bezeichnet [6.3, 6.4].

Da die Änderung der Sekundärmerkmale stets von stochastischen Schwankungen überlagert wird oder verschiedene Trendarten zeitgleich auftreten können, lässt sich natürlich nur eine unscharfe Trendaussagetreffe μ^{Tr} treffen:

$$\mu^{Tr} = max\{min[\mu(E) \rightarrow \mu(A)]\}$$

Gl. 6-1

$\mu(E)$ stellt dabei den linguistischen Wert eines Sekundärmerkmales dar und $\mu(A)$ den trendbezogenen linguistischen Wert der Steuerausgangsgröße.

Um mit Gl. 6-1 arbeiten zu können, ist also wieder die Kenntnis der Prozessgeschichte notwendig. Sie ist im unteren Teil von Abb. 6.5 neben der Ausgabe „Cluster 1 und 2" gegeben. Das System befindet sich zu mehr als 94 % Wahrscheinlichkeit im Havariezustand. Die zweite Spalte charakterisiert die Art der Sekundärmerkmale, die dritte Spalte enthält den jeweiligen Wert eines Sekundärmerkmals in Form einer linguistischen Variablen als unscharfe Eingangsgröße. Die Spalten vier bis sieben charakterisieren mit den Begriffen Matrix-, Sensor-, Prozess- und Defekttrend die denkbaren Ereignisse für die Messgeräteabweichungen. Die Ursache „Prozesstrend" ergibt sich gemäß Gl. 6-1 aus dem Maximalwert aller Minima der Sekundärmerkmale. Beim vorliegenden Beispiel lautet die Entscheidung „Prozesstrend" (Spalte 6, unten). Das heißt, es handelt sich mit hoher Wahrscheinlichkeit um einen Tensiddurchbruch.

Der Abwassersensor basierte auf Unschärfebetrachtungen in zwei Ebenen: in einer unscharfen Clusterung, denn die Primärdaten überlappen sich, und einer unscharfen Bewertung zur Entscheidungsfindung der Trendaussage. Natürlich lässt sich ein multivariates Sensorfeld auch mit anderen Messmitteln für unterschiedliche analytische Aufgabenstellungen aufbauen. Der oben genannte Abwassersensor stellte Anfang der 90er-Jahre zweifelsohne eine Hightech-Entwicklung dar. Ein Lizenznachbau erfolgte durch das Ifak-Institut in Barleben bei Magdeburg.

6.3   Personenmonitoring in der VC-Produktion in Buna

Im Kap. 5 wurden Computersimulationen zur Vorhersage karzinogener Strukturen vorgestellt. Neben diesen Simulationen erfolgte in den Buna-Werken der Aufbau eines weiteren Schnellverfahrens zur Mutagenitätsbestimmung – die Entwicklung eines sogenannten „Krebssensors". Hierbei handelt es sich um ein Multisensorsystem auf Basis von Quarzmikrobalance-Schwingern [6.5]. Vier Schwingquarze sind mit unterschiedlichen DNA-Bausteinen beschichtet (Abb. 6.5). Das irreversible Andocken von Reaktantgasen an diese Schichten verursacht eine Verstimmung der Schwingungsfrequenz und lässt sich mithin sensorisch erfassen. Dieses Sensorprinzip diente als Dosimeter zum Schutz von Personen, die Umgang mit alkylierend wirkenden Gasen oder Dämpfen, z. B. mit Acetaldehyd, Keten, ß-Butyrolacton oder mit **CKW** hatten.

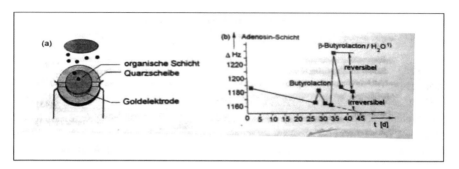

Abb. 6.6: „Krebssensor", (a) beschichteter Schwingquarz, (b) irreversibel gebundenes ß-Butyrolacton auf einer Adenosin-Beschichtung

Seine eigentliche Bedeutung erlangte der genannte Krebssensor zum Personenmonitoring in den **VC**-Fabriken, in denen entweder VC aus **EDC** durch Abspaltung von HCl hergestellt oder VC zu PVC polymerisiert wurden. Damals war bereits bekannt, dass bis Ende der 80er-Jahre des 20. Jahrhunderts 21 Anlagenfahrer ihrer chemisch verursachten VC-Karzinogenese erlegen waren. Diese Angaben fanden sich bei Recherchen in den IARC-Monographs. Die klinischen Befunde hatte der damalige Leiter der Poliklinik Leuna, Herr Dr. *Bittersohl*, an die Sammelstelle in Lyon übermittelt. In den Buna-Werken existierte ein doppeltes Überwachungssystem, das die Anlagenfahrer und Rohrschlosser vor zu hoher VC-Exposition schützen sollte. Es bestand einmal aus einer kontinuierlichen Raumluftüberwachung, zum anderen wurden Urin-Untersuchungen bei exponierten Personen auf einen erhöhten Gehalt an **TDES** als Kohortenstudie durchgeführt. Doch beide Überwachungssysteme lieferten unterschiedliche Analysenergebnisse. Die TDES-Werte aus dem Urin ließen immer auf eine wesentlich höhere Exposition als die Raumluftüberwachung schließen. Deshalb wurden an den Wattejacken der VC- und EDC-Arbeiter zusätzlich die Quarz-Mikrobalance-Sensoren angebracht. Und diese Sensoren wiesen ebenfalls viel zu hohe Expositionswerte auf. Die Ursache ermittelte schließlich *Lensky* [6.9], indem er die Jackenärmel extrahierte und die gewonnenen Extrakte massenspektroskopisch untersuchte. In den Extrakten fand er nicht nur erwartungsgemäß das EDC, sondern auch **PER**, obwohl die Arbeiter mit diesem Lösungsmittel berufsbedingt gar keinen Umgang hatten. Die PER-Produktion war in Schkopau einige Jahre zuvor entsprechend dem CKW-Verbot [6.10] bereits eingestellt worden. Die Erklärung für das Auftreten von PER konnte schließlich gefunden werden. Eine Wäscherei besaß noch erhebliche Mengen dieses bereits verbotenen Lösungsmittels und entsorgte illegal die Restbestände durch Verbrauch.

Und noch eine Kuriosität ergab sich durch die aufgenähten Quarzsensoren. In der Kontrollgruppe beim TDES-Monitoring der nichtbelasteten Personen befanden sich einige positive „Ausreißer" – Laborantinnen, die eigentlich mit der EDC- und VC-Produktion beruflich nichts zu tun hatten. Ihre viel zu hohen Expositionen ergaben sich dadurch, dass sie in den Wintermonaten die Wattejacken von EDC-exponierten Arbeitnehmern trugen, um im Freien Proben zu ziehen.

6.4   Prozesssteuerung der Ölepoxidierung in der Dracosa AG Wolfen

Die Epoxidierung nativer Öle erfolgt mit H_2O_2 in Gegenwart von Säuren, z. B. Ameisensäure, Gl. 6-2 und Gl. 6-3. Wenn man die erzeugten Epoxide als Weichmacher z. B. für **PVC** einsetzen möchte, wäre über diese Reaktion eigentlich nichts Spektakuläres zu berichten, denn das Verfahren wird seit Mitte des 20. Jahrhunderts industriell beherrscht. Die **EO-Zahlen** liegen bei der von der Fa. Henkel entwickelten Technologie zwischen $8 \leq EO \leq 10$. Allerdings stellt die Abführung der Wärme bei der technischen Epoxidierung ein Problem dar und erfordert besondere Anforderungen an die Herstellungstechnologie bzw. an das Reaktormaterial. Denn lässt man bei der Epoxidierung Temperaturen $> 66°C$ zu, droht die Reaktion in Minutenschnelle außer Kontrolle zu geraten und bei $90°C$ besteht dann die Gefahr einer explosionsartigen Zersetzung der intermediär gebildeten Perameisensäure.

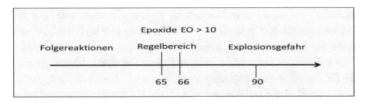

$$HCOOH + H_2O_2 \rightarrow HCOOOH + H_2O$$

Gl. 6-2

$$C = C + HCOOOH \rightarrow C - C + HCOOH$$

(Pflanzenöl)   O

Gl. 6-3

Folgeraktion: $\rightarrow +H_2O \rightarrow COH - COH$

Gl. 6-4

Fährt man dagegen den Prozess bei Temperaturen unter 65°C, verläuft die Epoxidierung zwar ruhig, aber zu langsam und es entstehen zu viele unerwünschte Epoxid-Folgeprodukte, die Polyhydroxide, gemäß nach Gl. 6-4. Diese trüben einmal die Epoxide ein und lassen sich später nicht mehr entfernen. Zum anderen steigt die Viskosität des Reaktionsgemisches stark an.

Epoxide EO > 10

Folgereaktionen   Regelbereich   Explosionsgefahr

65 66   90

Abb. 6.7: Regelbereich für optisch klare Epoxide aus nativen Ölen

Wenn man also farblose, ungetrübte Epoxide niedriger Viskosität für photochemische Reaktionen mit EO > 10 – 11 benötigt, muss man die Epoxidierung zügig in einem Temperaturintervall von 1 K zwischen 65 und 66°C fahren. Diese Anforderungen an die Steuerung lassen sich manuell nicht beherrschen. Sie sind zudem für das Anlagenpersonal mit einem hohen Sicherheitsrisiko verbunden. Auch die maschinelle Steuerung der

Dosierung bedarf einer mathematischen Wandlung der Messsignale. Nicht der Temperaturanstieg nach Zudosierung der Persäure selbst, sondern die viel empfindlicher reagierende differenzielle Temperuränderung in der Zeit gemäß Gl. 6-5 dient zur Prozesssteuerung:

$$\Delta m_{PA} = f(dT/dt)$$

Gl. 6-5

mit: Δm_{PA} Perameisensäurezugabe, dT Temperaturerhöhung in der Zeit dt.

Die numerische Bestimmung der Geschwindigkeit des Temperaturanstieges erfolgt durch eine analoge Kondensator-Widerstandsschaltung gemäß:

$$I = C * dU/dT$$

Gl. 6-6

mit: I Stromstärke, C Kapazität, U Spannung.

Die Temperatursignale aus dem **WTW**-Messwerterfassungsgerät wurden dafür auf den Eingang des WTW-Aufzeichnungsgerätes geschaltet.

Das erklärte Ziel, farblose, nicht trübe Epoxide zu gewinnen, lässt sich also nur mit einer Derivativregelung [6.6] erreichen. Die gewonnenen Epoxide, mit einem Photokatalysator versetzt, bildeten die Basis zur Herstellung von einkomponentigen Photolacken oder Klebstoffen für Glasfaserverbundwerkstoffe. Alle Epoxidharzformierungen sind geruchlos und im Unterschied zu den vollsynthetisch hergestellten Epoxiden ohne mutage Nebenwirkung (Kap. 5.2). Eine Gesamtdarstellung der Produkte auf der Basis nativer Epoxide ist in [5.13] gegeben.

Also auch eine prozessrechnergesteuerte Produktion chemischer Substanzen kann man zum Aufgabenbereich der Computerchemie rechnen, zumal dann, wenn alternativ eine manuelle Bedienung des chemischen Prozesses nicht funktionieren kann. Denn die Erzeugung von chemischen Produkten ist Chemie, und eine nicht manuelle Steuerung gelingt nur mit einem Prozessrechner. Mithin wurde in der Dracosa AG in Wolfen mit der automatischen Fahrweise zur Herstellung nativer Epoxide auch ein völlig neues Kapitel der Computerchemie geschrieben. Als die ersten 100 kg Photolack an eine spanische Firma für Surfbretter verkauft waren, kam bei allen Mitarbeitern Freude auf. Vom Entwurf bis zur Produktion entstand jeder Arbeitsschritt durch Einsatz von Computern; ein Beispiel für die Jahre zuvor wiederholt propagierten **CAD/CAM**-Technologien. Der ökonomische Vorteil der Computeranwendungen lag in der außergewöhnlich kurzen Entwicklungszeit für die Produkte. Freude herrschte aber auch darüber, dass jene Mitarbeiter, die wegen ihres Alters als Vorruheständler von ihren ehemaligen Betrieben freigesetzt worden waren, eine neue Produktklasse entwickelten. Sie hatten damit ihren Leistungswillen und ihre Leistungsfähigkeit bewiesen. Die Verleihung des *Hugo-Junkers*-Innovationspreises durch die Landesregierung Sachsen-Anhalts honorierte alle ihre Mühen.

6.5   Lean Production in der EPS-Produktion in Buna

Eine **Lean Production**-Fahrweise in der chemischen Industrie verlangt hochreine, homogene Eingangsstoffe und eine möglichst regelfreie Fahrweise. Letzere kann man natürlich durch eine vollautomatisierte Produktion erreichen. Mitunter ist jedoch eine totale Prozessautomatisierung infolge zu hoher Investitionskosten unökonomisch. Mit dem Aufbau einer aquittancenetzgesteuerten Fahrweise zur Herstellung von **EPS**-Polystyrenschaum in den Buna-Werken konnte in einer Altanlage eine manuelle Chargierung fehlerfrei gestaltet werden.

Das Aufschäumen von Polystyren zu EPS-Schaum erfolgt in wässriger Phase mit n-Pentan unter Zusatz von 14 verschiedenen Ingredienzien. Letztere müssen grammgenau und in der richtigen Reihenfolge in einen 16-m³-Rührreaktor dosiert werden. Abweichungen von diesem vorgegebenen Fahrregime führen zu Fehlchargen. Sie wurden damals meist vom Schichtpersonal über das Bodenventil „entsorgt". Neben den Verlusten an Produkten hatte diese Verhaltensweise des Personals schlimme Folgen für die biologische Kläranlage und musste deshalb unterbunden werden.

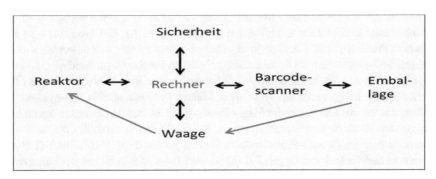

Abb. 6.8: Prinzip der Aquittancefahrweise

Zum Fahrregime unter Aquittancekontrolle werden die Emballagen aller Einsatzstoffe mit einem Barcode versehen, die Chargieröffnung am Reaktor magnetische verriegelt. Sowohl diese Verriegelung als auch die Waagen sind an einem zentralen Prozessrechner angeschlossen (Abb. 6.8). Der Rechner gibt die Rezepturschritte vor. Erst wenn der eingescannte Barcode und die eingewogene Menge mit der zeitlich getakteten Rezepturvorgabe übereinstimmten, lässt sich der magnetische Verschluss am Reaktor öffnen. Der Reaktor kann mit der Teilmenge befüllt werden, aber verriegelt sich sofort wieder selbstständig [6.7 – 6.8].

Fehlverhalten des Personals, z. B. mehrmaliges, meist durch Restalkohol im Körper bedingtes Verwägen führte zum Abbruch der Chargierung. Der Anlagenfahrer durfte nicht weiterarbeiten und wurde aus der Anlage entfernt. Zunächst sank die in den Schichten erzeugte Produktionsmenge, aber auch die illegale Fehlchargenentsorgung unterblieb. Recht schnell lernte das Anlagenpersonal jedoch die Vorteile, jeden Arbeitsschritt am Rechner zu quittieren, zu schätzen, zumal im Aquittancesystem auch Elemente des individuellen Personenschutzes mit integriert waren.

6.6   Systemautomatisierte, prozessrechnergesteuerte Magnet-
bandproduktion bei ORWO in Dessau

Die Produktionsreife von Tonträgern wird bei der Agfa in Wolfen im Dezember 1943 erreicht. Eigentlich ist die Produktion von Tonträgermaterialien von der **IG-Farben AG** bei der BASF in Ludwigshafen vorgesehen, kann damals aber wegen eines schweren Explosionsunglückes an diesem Standort nicht mehr in Betrieb genommen werden. In Wolfen dient als Tonträger anfangs Magnetit, der auf Celluloseacetatfolie fixiert ist. Über die Celluloseacetatfolie verfügt man durch die Ag-Film-Produktion. Später stellte man das Tonträgermaterial auf Chromoxid um. Die Unterlage für den neuen Tonträger bildet dann die **PET**-Folie.

Am ORWO-Standort Dessau, ca. 20 km nördlich von Wolfen, erfolgt 30 Jahre später der Aufbau eines systemautomatisierten Produktionsprozesses für Audio-, Video- und Datenbänder (Abb. 6.9). Diese Bänder fertigt man auf zwei computergesteuerten Begießanlagen mit einer jeweiligen Folienbreite von 620 mm. Das verfahrenstechnische Problem ist der vollautomatische, homogene Auftrag der Magnetträgerschichten auf die PET-Unterlagen. Die Prozesssteuerung für die Begießung entwickelt man im Technikum in Wolfen. Als Prozessrechner dient der Honeywell DDP 516. Die Inbetriebnahme der Produktionsanlagen in Dessau erfolgt am 1.1.1973. Auch für den Produktionsprozess setzt man Prozessrechner von Honeywell. Diese Prozessrechner werden von dem Rechner IMB 360-40 geleitet; die Prozessdaten auf diesem Rechner auch archiviert. Die ersten, den Honeywell-Rechnern kompatiblen Prozessrechner R 4000 von **Robotron** (Tab. 9.2, Zeilen 8 und 9), werden erst im Laufe des Jahres 1973 ausgeliefert, stehen also beim Aufbau und bei der Erprobung der Magnetbandfabrik Dessau noch nicht zur Verfügung. Die gesamte Technik zur Prozesssteuerung für die Magnetbandfabrik entwickelt und produziert man im ORWO-Stammwerk in Wolfen im Eigenbau [6.12]. Techniker und Ingenieure der Technikabteilungen T 4 (Mess- und Prozesstechnik) und der Datenverarbeitung T6 (Rechentechnik) haben wesentlichen Anteil am Gelingen des Magnetband-Projektes. Es ist deshalb davon auszugehen, dass in diesen Technikabteilungen von ORWO eine recht leistungsstarke Mannschaft zur Software-Entwicklung und Implementierung existiert haben muss.

Abb. 6.9: ORWO-Magnetband aus Dessau

Literatur

[6.1] M. Winterstein: Einsatz multivariater Sensorsysteme zur Abwasseranalytik. Dissertation zur Promotion A, PH Erfurt/Mühlhausen (1994)

[6.2] B. Adler, G. Brückner, M. Winterstein: Multivariates Sensorsystem. Chem. Techn. **46** (1994) S. 77–86

[6.3] L. Sachs: Angewandte Statistik: Springer Verlag Berlin/Heidelberg/New York (1974)

[6.4] W. Funk, V. Damman, G. Donnevert: Qualitätssicherung in der Analytischen Chemie. VCH Weinheim (1992)

[6.5] P. Hauptmann et al.: Using the quartz-microbalance principle for sensing mass changes and damping properties. Sensors and Actors **A** (1993) S. 309–316

[6.6] K. Dahmert: Erfahrungen mit einem robusten Prädiktivregler. Vortrag Fachtagung Automatisierung, Tagungsband 6, Dresden (1992)

[6.7] B. Adler, G. Feix. W. Heymel G. Langer: Qualität, Analytik, lean production. Chem. Techn. **44** (1992) S. 237–243

[6.8] B. Adler et al.: Verfahren zur rezepturgetreuen Erzeugung chemischer Produkte unter integriertem Personen- und Anlagenschutz. Patent DE 30 414 A1 (26.8.1994)

[6.9] U. Lenski: Personenmonitoring CKW-exponierter Arbeitnehmer. Dissertation Uni Halle (1996) S. 58 ff.

[6.10] Chloraliphatenverordnung: BGBl. (6.5.1991) S. 1090

[6.11] in [5.13] S. 23–30

[6.12] E. Finger: Die Geschichte des Magnetbandes und die Filmfabrik Wolfen. In: Zur Industriegeschichte. Serie „Die Filmfabrik Wolfen ..." Heft 6 Wolfen (2006) S. 54 ff.

7 Simulatoren

Für computergestützte Simulatoren existieren zwei Anwendungsbereiche: Einmal dienen Simulatoren zur Darstellung komplexer Bewegungsabläufe, z. B. zur Darstellung von Andockvorgängen im dreidimensionalen Raum zur Katalyse- oder Wirkstoffforschung. Zum anderen können Simulatoren zur Substitution von chemischen Experimenten in der Lehre eingesetzt werden. Zu beiden Aufgabenbereichen werden nachfolgend Beispiele aufgeführt.

7.1   Simulatoren für die Ausbildung

Eine Destillation nicht mit realen Stoffgemischen zu betreiben, sondern virtuell zu trainieren, besitzt einige Vorteile gegenüber dem realen praktischen Experiment. Man kann an sich farblose Komponenten virtuell unterschiedlich anfärben und die Trennung in der Kolonne bzw. Vorlage durch eine entsprechende Farbgebung simulieren. Letztlich wird die Trenngüte in Abhängigkeit der Bodenzahl und der Destillationsgeschwindigkeit dargestellt. Zu schnelles, unangebrachtes Hochheizen lässt sich a priori durch Versuchsabbruch unterbinden. Mit einem solchen Simulator kann das Destillieren also ohne Chemikalieneinsatz demonstriert und trainiert werden (Abb. 7.1).

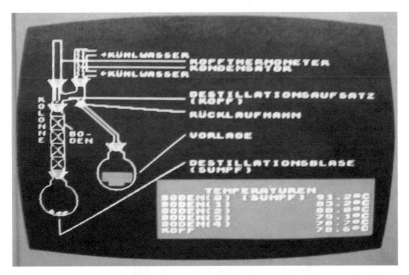

Abb. 7.1: Der virtuelle Destillationsprozess, Titelblatt des Buches „Computersimulationen in der Chemie" [7.1]

© Springer-Verlag GmbH Deutschland, ein Teil von Springer Nature 2019
B. Adler, *Computerapplikationen in der Mitteldeutschen Chemieregion – ein historischer Abriss*, https://doi.org/10.1007/978-3-662-59056-0_7

Im Falle des an sich farblosen Zweistoffgemisches von Ethanol und Wasser erfolgt die virtuelle Trennung durch die Farbgebung „Blau" für Ethanol und „Gelb" für Wasser. Das Gemisch wird virtuell in einem grünen Farbton vorgelegt. Eine Trennung in der Simulator-Apparatur ist dann erfolgreich, wenn in der Vorlage das virtuelle Destillat nur in blauer Farbe erscheint. Ein zweifarbiges Destillat in der Vorlage charakterisiert dagegen einen nicht optimalen Trennverlauf, wie in Abb. 7.1 gezeigt.

Abb. 7.2: KC-Rechner aus VEB Röhrenwerk Mühlhausen

Die Kleinrechner KC 85/2 bis KC 85/4 (Tab. 9.2) bildeten die technische Basis für die Lehr-Simulatoren, die u. a. für die Chemieausbildung von Lehrerstudenten entwickelt wurden. Das Software-Paket aus insgesamt 30 Programmen bestand u. a. in der Generierung der Namen anorganischer Verbindungen aus ihren vorgegebenen Valenzstrichformeln, dem Trennungsgang für anorganische Kationen, in den Kristalldarstellungen und dem Legen von Schnitten durch die Kristalle zur Berechnung der *Millerschen* Indices oder in der Berechnung von Koeffizienten anorganischer Verbindungen. Alle Simulationsmodelle wurden im Buch „Computersimulationen in der Chemie" ausführlich beschrieben [4.1].

7.2   Ein Auftrag des Volksbildungsministeriums wird blockiert

Die oben genannte Softwareentwicklung war eine Auftragsarbeit des Ministeriums für Volksbildung. Die Pädagogische Hochschule Erfurt/Mühlhausen betreute das Projekt. Dazu gehörte einmal die Beschaffung der KC-Rechner aus den damaligen Röhrenwerken Mühlhausen und die Bereitstellung einer Testmannschaft. Diese Kooperation, vom damaligen Forschungsdirektor der PH, Herrn Dr. *Müller* geleitet, funktionierte reibungslos. So lagen Software und Buchmanuskript nach nur zweijähriger Entwicklungszeit im August 1987 fertiggestellt vor. In den Folgejahren bis 1989 erfolgte durch Lehrerstudenten der PH Erfurt-Mühlhausen ein intensives Austesten der Software. Doch diese Testprüfungen wurden in jener Zeit erheblich erschwert, weil kaum Textunterlagen vorhanden waren. Das Buchmanuskript konnte vom DVG Leipzig aus unterschiedlichen Gründen nicht erstellt werden. Zunächst schien es der DDR-typische Mangel an Papier und

Druckkapazität zu sein, der die Edition verzögerte. Dann fehlte für den Co-Autor aus der THLM von dessen Arbeitsstelle plötzlich die Freigabegenehmigung zum Druck. Und schließlich musste eine Bedarfsanalyse erstellt und nachgereicht werden. Die gewöhnlich durch stetige Ressourcenknappheit verursachten Produktionsverzögerungen nahm man systembedingt fast kritiklos hin. Doch im Falle des Buches „Computersimulationen …" müssen es wohl noch andere Gründe gewesen sein, die eine mehr als dreijährige Verzögerung verursacht haben. Als das Buch dann endlich im Jahre 1990 erschien, war die 8-Bit-Verarbeitung der KC-Rechner-Typen veraltet. Ein Volksbildungsministerium gab es nicht mehr. Die PH in Erfurt/ Mühlhausen befand sich bereits in Auflösung. Der Versuch, die Programme durch einen Studenten der neugegründeten Uni in Paderborn auf 16-Bit-Rechner umzusetzen, scheiterte am z. T. erheblichen Programmieraufwand und wurde 1991 abgebrochen. Doch die Arbeit war nicht gänzlich umsonst. Einige Programme, u. a. der Trennungsgang für anorganische Kationen, besaßen für Chemiker auch einen Spiel- und Unterhaltungswert. Wer von den älteren Chemikern der HA Analytik sich noch fit fühlte, durfte sein Wissen über die Trennung anorganischer Kationen am Simulator überprüfen. Es wurden jeweils fünf bis zehn Kationen vorgegeben, die dem Spieler jedoch nicht bekannt waren. Und dann konnte jeder zeigen, was er aus seinem Studium noch wusste, wie schnell er die Kationen identifizieren konnte. In der betrieblichen Praxis diente natürlich die Emissionsspektralanalyse zur Elementbestimmung, d. h. die Kollegen hatten berufsbedingt mit dem Trennungsgang für anorganische Kationen wirklich nichts mehr zu tun. Aber es gab auch interessante Kritiken zu unserem Simulator. So konnte durch Hinweise u. a. die Farbgebung bei manchem Kation verbessert werden. Die älteren Herren hatten ihr Wissen nicht verlernt. Und das machte allen viel Spaß. Insgesamt waren 11 Betriebsfremde und 9 Werksangehörige am Simulationsprojekt zeitweilig beschäftigt.

7.3 IR-Raman-Simulator an der THLM

7.3.1 Berechnungskonzept für kleine, symmetrische Moleküle

Molekülschwingungen lassen sich auf zwei Arten anregen: Polare Bindungen mit Dipolen können durch Absorption von IR-Strahlung zum Schwingen gebracht werden. Unpolare Bindungen regt man indirekt über die Polarisierbarkeit der Bindungselektronen mittels Streustrahlung an und erhält das sogenannte **Raman**-Spektrum. Die Molekülbewegungen sind bei beiden Anregungen die gleichen, weil sie von den gleichen Molekülparametern bestimmt werden.

Die Simulation von Schwingungsspektren gehört zu einer der ältesten Computeranwendungen in der Chemie überhaupt. Doch das Lösen der Bewegungsgleichungen zur Ermittlung der gesuchten Wellenzahlen kann für große organische Moleküle nur iterativ, also auf relativ langwierigem Wege erfolgen, da die Gleichungssysteme prinzipiell unterbestimmt sind. Es fehlen immer Angaben zu den Bindungsstärken der Moleküle, die sogenannten Kraftkonstanten. Deshalb setzt man zur Routinestrukturaufklärung von Molekülspektren und Polymerstrukturen dominant die Datenbankrecherchen, wie im

Kap. 3 gezeigt, bereits seit den 70er-Jahren des 20. Jahrhunderts ein. Es gibt allerdings kleine anorganische oder elementorganische Verbindungen, bei denen die Recherchetechnologie zu keinem Erfolg führt, weil die Schwingungsspektren aus der Raman- oder IR-Spektroskopie so einzigartig und individuell sind, dass sie über Ähnlichkeitsvergleiche kaum identifiziert werden können. Vor allem fehlt es an Referenzspektren in den Dateien. Andererseits gibt es bei kleinen Molekülen einige Besonderheiten, die sich recht vorteilhaft zur Berechnung ihrer Schwingungsspektren nutzen lassen. Die elementorganischen oder anorganischen Strukturen bestehen meist aus wenigen Atomen und besitzen zugleich eine hohe Symmetrie. Dadurch existieren in den Schwingungsklassen nur wenige Schwingungen, mitunter nur eine. Nicht selten bilden Atome hoher Masse, die sogenannten Schweratome, das Zentralatom im Komplex. Eine Schwingungskopplung mit Schwingungen anderer Molekülteile lässt sich dann mathematisch vernachlässigen. Diesen sogenannten „Schweratomeffekt" kann man für eine vereinfachte, nicht iterative Berechnung der Wellenzahlen nutzen.

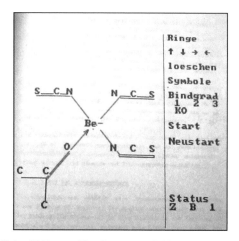

Abb. 7.3: Eingabemenü des IR-Raman-Simulators von A. Herrmann 1989 [7.3]

Im Weiteren wird ein Simulator vorgestellt, der allein aus einer gezeichneten Figur und den Ordnungszahlen alle notwendigen Parameter, wie Kraftkonstanten, sowie Bindungsabstände und Valenzwinkel durch empirische Beziehungen selbstständig generiert und mit diesen Eingangsparametern die Molekülschwingungen berechnet [7.2]. Mit der Verfügbarkeit von Rechnern des Typs PC 1715 (Tab. 9.2, Zeile 5) ließen sich anstelle einer Rasterbildeingabe (Kap. 2.1) die figürliche Darstellung der Valenzstrichformeln (Abb. 7.3, linke Seite) aus einem vorgegebenen Zeichenvorrat (Abb. 7.3, rechte Seite) in der Bildschirmebene konstruieren.

7.3.2 Parametrisierung der Eingabefigur

Die Ermittlung der Atomabstände und Bindungsstärken ist bereits im Kap. 2.5 abgehandelt. Im Weiteren wird deshalb nur noch auf die Winkelbildung nach dem **VSEPR**-Modell eingegangen. Auf der Basis des VSEPR-Modells ergibt sich z. B. der Valenzwinkel α_i von Molekülen der Struktur:

$$Z(L)n_1(E)n_2$$

Gl. 7-1

mit:
n_1 Anzahl der Liganden L am Zentralatom Z und
n_2 Anzahl der Elektronenpaare,
mit: $n = n_1 + n_2$
zu:

$$\alpha_0 = \cos({}^1/_{1-n})$$

Gl. 7-2

Tab. 7.1 Winkelsimulationen

Verbindung	Punktgruppe	n	n_1	n_2	Winkel	Bemerkung
[1] $^+NO_2$	$D\infty h$	2	0	2	180	
[2] $/SO_2$	C_{2v}	3	1	2	120	
[3] $O=VCl_3$	C_{3v}	4	1	3	109	
[4] PF_5	D_{3h}	5	0	5	120 und 180	Bipyramide
[5] $/SF_4$	C_{2v}	5	1	4	115,8 und 175	cis divacant
[6] $>ICl_4$	D_{4h}	6	2	4	180	

Das VSEPR-Modell bildet Winkel von ZY_n-Strukturen dann hinreichend gut ab, wenn das Zentralatom Z ein Hauptgruppenelement ist oder ein Übergangselement mit d^{10}- oder d^0-Elektronenkonfiguration. Bei Komplexen der Übergangsmetalle mit d^3- bis d^8-Konfiguration kann man die Punktgruppe nach Eingabe der Zusatzinformation über einen Highspin- oder Lowspinkomplex generieren. Bei d^9-Komplexen sind die Energieunterschiede zwischen den Konfigurationen sehr gering. Es werden deshalb alle denkbaren Punktgruppen vom Rechner angeboten.

Der nach Gl. 7-2 generierte Grundwinkel wird einer empirischen Korrektur unterworfen. Entsprechend dem VSEPR-Konzept beanspruchen freie Elektronen oder -paare einen etwas größeren Raumbedarf als Bindungselektronen. Dies führt zu einer leichten Winkelverzerrung. Sie muss durch eine empirische Winkelkorrektur ausgeglichen werden [7.5].

7.3.3   Berechnung der Molekülschwingungen

Kleine, anorganische Moleküle mit weniger als drei Molekülschwingungen in einer Symmetrieklasse werden exakt berechnet. Bei Molekülen mit niederen Symmetrieklassen kommt das Konzept der „partiellen Symmetrien" dann zur Anwendung, wenn die Moleküle besondere Bindungen, z. B. Doppel- oder Dreifachbindungen oder besondere große bzw. kleine Massen aufweisen. Dabei gilt die Annahme, dass in solchen Molekülteilen eine relativ schwache Schwingungskopplung zu benachbarten Atomen oder Atomgruppen auftritt. Für kleine Moleküle mit einem Schweratom werden die typischen Molekülschwingungen mit erstaunlich guter Übereinstimmung zu den experimentellen Werten generiert (Tab. 7.2, Spalte 5). Die Rechenzeiten liegen dabei bei ein bis zwei Minuten (Tab. 7.2, Spalte 6).

Tab. 7.2: Simulation von Schweratomschwingungen im Echtzeitbetrieb [7.2]

Verbindung	Bindung	Wellenzahl Literaturwert in cm^{-1}	simulierte Wellenzahl in cm^{-1}	Wellenzahl- differenz	Rechenzeit
1	2	3	4	5	6
1 Cl CH$_2$F$_2$P=O	P=O	1335	1324	9	54"
2 Cl$_2$P=S	P=S	753	742	11	46"
3 SiH$_3$I	Si-I	362	381	19	29"
4 (CH$_3$)$_2$SnI$_2$	Sn-C	511	506	5	1'03"
5 CH$_3$SO$_2$Cl	S=O	1178	1178	0	1'03"
6 FSe=OOCH$_3$	Se-F	561	570	9	53"
	Se-O	615	512	3	

Tab. 7.3: Simulierte Valenzschwingungen des Chlormethylthiophosphorsäuredifluorids

Bindung	Wellenzahl (gemessen) v_1 [7.1]	Wellenzahl (simuliert) v_2	Differenz $/v_1 - v_2/$
1 C – Cl	718	736	18
2 P = S	661 (718?)	722	61 (4)
3 C – P	834	819	11
4 C – H	v_s 2971	2955	16
	v_{as} 3050	3002	48
5 P – F	v_s 896	856	40
	v_{as} 926	885	41

Das Konzept der partiellen Symmetrie erfordert das Erkennen der entsprechenden Substrukturen, z. B. beim Chlormethylthiophosphorsäuredifluorid die Substrukturen PF$_2$ und CH$_2$, beide mit der partiellen Punktgruppe C$_{2v \, part}$ in Abb. 7.4 rot bzw. blau gekennzeichnet.

    Bei der Verbindung Chlormethylthiophosphorsäuredifluorid mit den beiden starken polaren P–F-Bindungen kommt das Modell allerdings an seine Grenzen. Die Wellenzahldifferenzen Δv zwischen experimentell ermittelten und simulierten Werten fallen mit ca. 50 cm^{-1} relativ groß aus (Tab. 7.3, Spalte 4). Die Ursache für diese Abweichungen liegt vor allem darin, dass die inhärenten Elektronegativitäten, die gemäß Gl. 2-12 zur Berechnung der Kraftkonstanten f_i nach der *Gordy*-Formel [2.11] benötigt werden, eigentlich nicht mehr zutreffend sind und durch umfeldkorrigierte Elektronegativitäten ersetzt werden müssten [7.2].

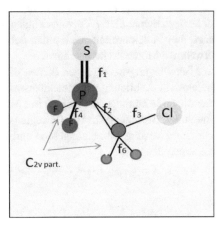

Abb. 7.4: Modell vom Chlormethylphosphorsäurediflurid

Für den Fall, dass nur eine Schwingung in einer Symmetrieklasse existiert, erhält man mit den Kraftkonstanten aus Gl. 7-3 die Wellenzahl der Schwingung zu:

$$v = 1303 (f_{AB} * \mu_{AB})^{1/2}$$

Gl. 7-3

mit:
v Wellenzahl in cm^{-1},
μ_{AB} reduzierte Masse der Atome A und B und
f_{AB} Kraftkonstante der Bindung A-B in N/cm.

Die Schwingungen der Bindungen P=S, C–Cl und P–C im Chlormethylphosphorsäuredifluorid werden nach Gl. 7-3 generiert. Der Koeffizient 1303 in Gl. 7-3 dient zur Umrechnung atomistischer in makroskopische Parameter. Für Moleküle mit alternativen Strukturgeometrien generierte der Simulator für jede denkbare Figur ein separates Spektrum [7.3], z. B. für ZY$_4$-Figuren die Spektren für die denkbaren Punktgruppen D$_{4h}$, T$_d$ und C$_{2v}$. Die wirklich zutreffende Punktgruppe ergibt durch visuellen Spektrenvergleich zwischen gemessenem und simuliertem Schwingungsspektrum. Der Simulator wurde in Lizenz später an der PH in Mühlhausen/Erfurt und der Universität in Magdeburg genutzt. Er lässt sich nicht nur zur Auswertung von IR- und Ramanspektren einsetzen, sondern stellt auch ein Trainingsgerät für die Koordinationschemie dar.

7.4   Simulation von Gasphasenreaktionen an der THLM

Der Gasphasensimulator versucht, auf Basis des Attraktivitätsmodells die Annäherung von Gasmolekülen an die Oberflächen von Katalysatoren visuell darzustellen. Die Gasmoleküle befinden sich dabei in einem virtuellen, vorwählbaren Wärmebad und nehmen aus diesem Bad Energie auf. Sie führen Molekülbewegungen in Form von Translationen aus, wobei nur die Translation in Vorzugsrichtung zur Katalysatoroberfläche von Interesse ist. Das Gasmolekül bewegt sich in dieser Vorzugsrichtung auf die Kontaktoberfläche zu. Ferner kommt es zu drei Molekülrotationen um den Schwerpunkt des Moleküls und zu den im Kap. 7.2 erwähnten Molekülschwingungen.

Für die Darstellung der Schwingungsbewegungen dienen die gleichen Algorithmen wie beim IR-Raman-Simulator zur Abbildung der Molekülschwingungen (Abb. 7.5). Im vorliegenden Fall gibt man die aufgenommenen Energien in Form der Wellenzahlen vor und fragt nach den resultierenden Bewegungen. Alle Bewegungen werden durch Superpositionierung zu einer Gesamtbewegung zusammengesetzt und das Molekül im Augenblick der Oberflächenannäherung beobachtet.

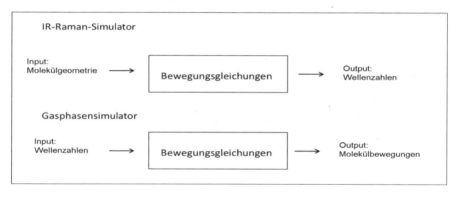

Abb. 7.5: Molekülbewegungen im Wärmebad, oben die selektiven Absorptionen der Wärmestrahlung, unten die angeregten Molekülbewegungen

Das Zustandekommen einer chemischen Reaktion hängt wesentlich davon ab, mit welchem Atom oder Elektron sich das Gasmolekül der Kontaktoberfläche annähert. In Abb. 7.6 kommt es nur dann nach einem Zusammenstoß zu einer chemischen Reaktion, wenn die Aufenthaltswahrscheinlichkeit der freien Elektronen in Richtung der Fe-Kontaktoberfläche hoch ist. Also längst nicht alle Stöße führen zu einer Reaktion, nämlich immer dann nicht, wenn einfach der falsche Partner am falschen Ort die Oberfläche berührt. Der Simulator visualisierte letztlich die statistische Größe der kinetischen Stoßzahl.

Bei einer Vorführung des Simulators an der AdW in Berlin-Adlershof im Jahre 1985 findet u. a. die Darstellung von Andockvorgängen von H_2O und H_2S an Fe-Kontaktktoberflächen statt. Im Mittelpunkt der Simulationen steht die Frage, warum die geometrisch sehr ähnlich gebauten Moleküle mit identischen Bewegungsabläufen, aber unterschiedlichen Energieaufnahmen ein völlig unterschiedliches Reaktionsverhalten am

Eisen zeigen. Immer trifft das S-haltige Molekül mit einem seiner freien Elektronenpaare auf die Fe-Oberfläche und kann reagieren. Aber das Bewegungsbild des Wassermoleküls verläuft anders. Die freien Elektronen am Sauerstoff berühren die Fe-Oberfläche nicht. Die Vorführung findet hohe Wertschätzung bei den anwesenden Sektorenleitern. Eine Weiterentwicklung zur verbesserten Darstellung der Kontaktoberflächen findet später leider nicht mehr statt.

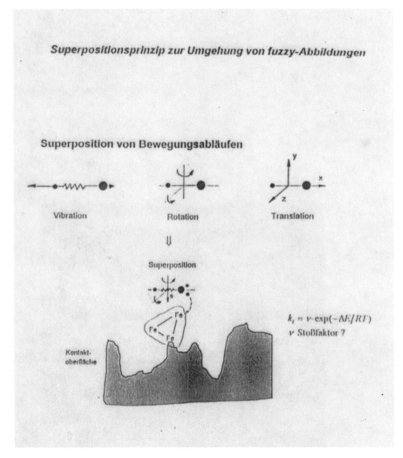

Abb. 7.6: Simulation von Bewegungsabläufen bei der Gasphasenkatalyse [7.4]

Literatur

[7.1] E. Steger, M. Kuntze. Spektroskopische Untersuchungen zur Rotationsisomerie-II. Spectrochim Acta **22A** (1967) S. 2189

[7.2] B. Adler et al.: Simulation von Schwingungsspektren aus Valenzstrichformeln. Wiss. Z. **26** (1984) S. 426–438

[7.3] A. Herrmann: CAD-Verarbeitung zur Simulation von Molekülspektren. Dissertation zur Promotion A, Mühlhausen (1989)

[7.4] U. Lenski: Attraktivitätsmodell. Diplomarbeit TH Merseburg (1987)

[7.5] in [4,1] S. 95–96

8 Rechnergestützte Abbildungen chemischer Reaktionen

8.1 Synthesebäume

Computergestützte, heuristisch orientierte Syntheseplanungssysteme nutzt man zur Bearbeitung von drei Aufgabenstellungen. Sie sollen:

- Ausgansstrukturen a_{ij} für eine vorgegebene Zielstruktur Z auffinden,
- passende Reaktionsschritte r_{kl} für diese Zielstruktur generieren oder
- eine lohnende Zielstruktur Z für zu verwertende Ausgangsprodukte auffinden.

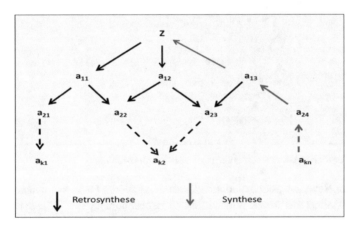

Abb. 8.1: Synthesebaum zur Visualisierung von Synthesestrategien

Syntheseplanungssysteme arbeiten also bidirektional. Man kann einerseits für eine gegebene Zielstruktur Vorstufen suchen, die als Zwischenprodukte im Portfolio eines Betriebes bereits vorhanden sind oder als Rohstoffe günstig von Dritten zugekauft werden können. Diese Strategie stellt eine Retrosynthese dar. Andererseits kann man für zu verwertende Ab- oder Nebenprodukte neue Zielstrukturen suchen. Die schrittweise Abarbeitung von Strukturerkennung und Strukturgenerierung erzeugt Synthesebäume (Abb. 8.1). Diese Ergebnisstrukturen müssen durch umfangreiche Recherchen in unterschiedlichen Dateien bewertet werden. Neben der Software

- zur Auffindung der funktionellen Gruppen im Targetmolekül,
- der Zusammenstellung der chemischen Reaktionen mittels des sogenannten Reaktionsgenerators und

© Springer-Verlag GmbH Deutschland, ein Teil von Springer Nature 2019
B. Adler, *Computerapplikationen in der Mitteldeutschen Chemieregion – ein historischer Abriss*, https://doi.org/10.1007/978-3-662-59056-0_8

- der Bewertung ihres Reaktionsverhaltens
- sowie einer energetischen Bewertung der Syntheseschritte

sind weitere Recherchen in chemieorientierten Datenbanken zu toxikologischen, ökonomischen oder werkspezifischen Bewertungen der generierten Strukturen erforderlich
(Abb. 8.2). Das wirklich teure an der Syntheseplanung ist also die Bereitstellung und
Wartung der umfangreichen Dateien zur Charakterisierung der generierten neuen Strukturen des Synthesebaumes.

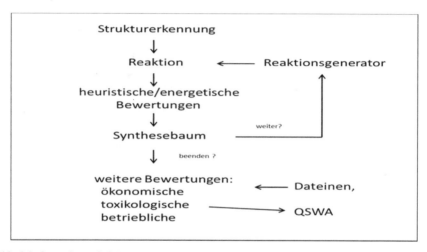

Abb. 8.2: Operationen bei der computergestützten Syntheseplanung

Ebenfalls zur Bewertung der generierten Strukturen gehören **QSWA**-Studien. Sie ermög-
lichen, die Aktivität der neuen Wirksubstanzen zu bestimmen (Abb. 8.2, unten rechts).

8.2   Funktionsprinzip eines Reaktionsgenerators

Die Funktion des Reaktionsgenerators soll am Beispiel der Isomerisierung von Ethen zu
Cyclobutan demonstriert werden (Abb. 8.3). Für Edukt und Produkt sind die Verknüp-
fungsmatrizen in Form von symmetrischen Anordnungen für die Skelettatome gegeben
(Abb. 8.3, bei (b) und (d)). Zwischen beiden Matrixdarstellungen befindet sich die Vor-
schrift, die bestimmt, welche Bindungen in den Eduktmolekülen gelöst, mit (-1) gekennzeichnet, bzw. neu geknüpft, mit (+1) gekennzeichnet, werden sollen (Abb. 8.3, (c)). Die
Sammlung solcher Reaktionsvorschriften heißt Reaktionsgenerator. Ob das generierte
Produkt chemisch sinnvoll ist, entscheidet sich in den nachfolgenden Arbeitsschritten
durch mechanistische und energetische Bewertungen der neuen Strukturen [8.1].

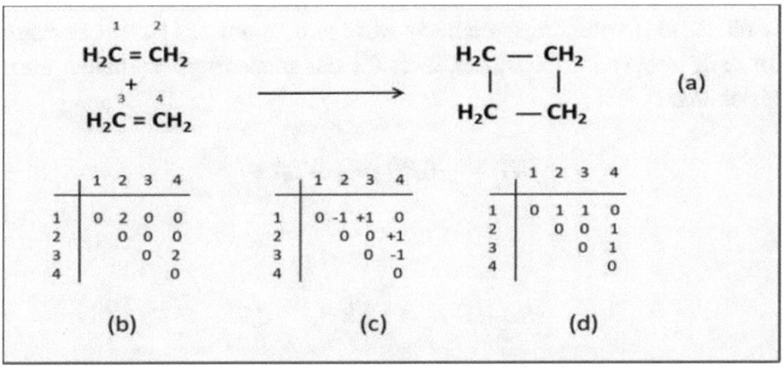

$$
\begin{array}{ccc}
\underset{\substack{+ \\ 3 \quad 4}}{\overset{1 \quad 2}{H_2C = CH_2}} & \longrightarrow &
\begin{array}{c}
H_2C - CH_2 \\
| \qquad | \\
H_2C - CH_2
\end{array}
\end{array} \quad \text{(a)}
$$

$$H_2C = CH_2$$

	1	2	3	4
1	0	2	0	0
2		0	0	0
3			0	2
4				0

	1	2	3	4
1	0	-1	+1	0
2		0	0	+1
3			0	-1
4				0

	1	2	3	4
1	0	1	1	0
2		0	0	1
3			0	1
4				0

(b)   (c)   (d)

Abb. 8.3: Isomerisierung von Ethen zu Cyclobutan, (a) chemisches Reaktionschema, (b) Verknüpfungsmatrizen des Eduktes, (c) Reaktionsgenerator, (d) Verknüpfungsmatrix des Produktes

8.3   Bewertungssysteme für simulierte Syntheseschritte

8.3.1   Heuristisch-mechanistische Bewertung

Die Reaktionsfähigkeit funktioneller Gruppen lässt sich durch heuristische Kriterien abschätzen. *A. Weise* weist in seinem Syntheseplanungskonzept **AHMOS** [8.2] z. B. jeder funktionellen Gruppe sechs Parameter zur Beurteilung ihrer Reaktivität zu. Es sind die Eigenschaften:

- elektrophil harte (EH).
- elektrophil weiche (EW),
- nucleophil harte (NH),
- nucleophil weiche (NW),
- elektrofug (EF) und
- nucleofug (NF).

Tab. 8.1: Beurteilung funktioneller Gruppen nach ihrem potenziellen Reaktionsverhalten [8.2]

funktionelle Gruppe	HE	WE	HN	WN	NF	EF
1 - N=O	0.7	0.2	9.0	2.0	7.0	2.0
2 >C=C<	0.15	0.15	4.0	12.0	3.0	1.0
3 - C = C -	0.35	0.25	2.5	5.5	6.0	0.6
4 >C=O	0.85	0.1			5.5	0.9
5 - O -			7.5	1.0	6.5	1.8
6 >C+	2.1	0.1			12	

Die Werte für diese Beurteilungsparameter wurden u. a. auf der Basis des *Pearson*schen **HSAB**-Konzeptes abgeleitet, z. B. der Wert für das nucleofuge Verhalten einer Gruppe aus der Beziehung:

$$NF = -0,39\, pK_s + 6,14$$

Gl. 8-1

bzw.

$$HN + WN = 12,2\, E_N - 0,9$$

Gl. 8-2

und

$$EF = -\chi_G + 3,3$$

Gl. 8-3

mit: pK_s negativer dekadischer Logarithmus der Säurekonstanten, E_N Elektrophilie-Wert nach [8.3] und χ_G Gruppenelektronegativität nach [8.4].

Während die Begriffe Nucleophilie und Elektrophilie in der klassischen Synthesechemie geläufige Größen darstellen, ist die Einführung der Parameter der Elektro- bzw. Nucleofugie durch *Weise* neu. Beide Parameter kennzeichnen die Abgangs- bzw. Elektronenabstoßungstendenz eines Molekülteiles. Aus atomistischer Sicht wäre eine quantifizierte Reaktivitätsbewertung auch über die Berechnung der Bindungsstärken, z. B. mit der *Gordy*-Formel Gl. 7-3 denkbar.

8.3.2   Energetische Bewertung

Unter Annahme einer thermodynamischen Produktkontrolle wird bei der Vorwärtsstrategie diejenige Reaktion favorisiert, die am stärksten exotherm verläuft. Überträgt man dieses Auswahlkriterium auf mehrstufige Retrosynthesen, so führen die exothermsten Reaktionen zu immer stabileren Vorstufen, d. h. Synthesen in der Vorwärtsstrategie erfordern dann eine viel zu hohe Energie. Wählt man dagegen die jeweils endothermste Vorstufe für die Retrosynthesen aus, ließe sich bei der eigentlichen Synthese sogar Energie gewinnen. Man gelangt jedoch zu immer energiereicheren, d. h. instabileren Vorstufen. Deshalb stellt bei der Simulation von Retrosynthesen eine leicht endotherm geneigte Energiekurve die optimale Synthesestrategie dar.

Die eigentliche Synthese verliefe dann leicht exotherm. *Gasteiger* konnte zeigen, dass man Energieabschätzung allein aus der Differenz der Subgraphenanordnungen, also aus der Differenz von gebrochenen und neu geknüpften Bindungen erstellen kann [8.5].

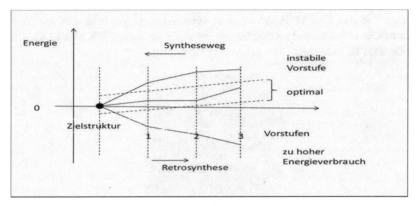

Abb. 8.4: Energetische Bewertung eines Synthesebaumes [8].

8.4   Syntheseplanung im CKB in Bitterfeld

Im Südwerk des CKW Bitterfeld leistet man bereits in den 60er-Jahren des vergangenen Jahrhunderts Pionierarbeit in der computergestützten Syntheseplanung. Das Interesse an dieser Tätigkeit kommt nicht von ungefähr. Bereits im März 1945 soll dem Werk eine Zuse-3-Rechenmaschine übergeben worden sein. Drei Zuse-3-Rechner befinden sich damals auf einem Evakuierungstransport von Berlin ins Allgäu. Ein Rechner wird in Bitterfeld gegen Treibstoff eingetauscht. Wahrheit oder Mythos, das ist heute schwer feststellbar. Belegt ist aber der Aufenthalt von Prof. *Konrad Zuse* im Jahre 1966 in Bitterfeld anlässlich der Übergabe eines Zuse-25-Rechners an das CKB. Dieser Rechner war im Gebäude der heutigen **GEDA** aufgestellt. Man verfügt zudem im CKB mit den Herren Dr. *Moll, Lindner* und *Schönfelder* über geschultes Personal für die Arbeiten zur Syntheseplanung. An der Akademie in Berlin-Adlershof betreibt bis 1988 Herr Weise ebenfalls die computergestützte Syntheseplanung. Seit 1987 arbeiten beide Gruppen zusammen und bauen das **CASAF**-Projekt in CKB auf [8.6]. Hierbei handelt es sich um die Verknüpfung der im CKB schon vorhandenen chemieorientierten Datenbanken, z. B. die im Kap. 3.4 erwähnte Datenbase WIFODATA, sowie der **SPRESI**-Datenfond mit der AdW-Software zur Syntheseplanung **RDS** von *Weise* (Abb. 8.6).

Bei dem Software-Modul RDS handelt es sich um die heuristischen Beurteilungen der Reaktivitäten für die Syntheseschritte, wie in Kap. 8.3.1 skizziert. Eine weitere Beurteilung der simulierten Strukturen erfolgte durch ein Programmpaket zu den QSWA. Natürlich war es primäres Anliegen der Wirkstoffforschung im damaligen CKB wie auch in der Pharmaforschung allgemein, von einem neu simulierten Strukturvorschlag etwas über seine potenzielle Wirkaktivität zu erfahren. Und solche Aussagen konnte man über das Simulieren von SER-Beziehungen, wie unter Kap. 5 gezeigt, gewinnen. Ferner gehörte zum CASAF-Projekt eine Bibliothek zu Angaben von Anbietern und potentieller Nutzer bestimmter Spezialchemikalien. Herr Dr. *Moll* hat mit dieser Datei bis Ende der 90er-Jahre u. a. auch Dienstleistungen für die Buna-Werke in Schkopau ausgeführt. Über den Endstand des CASAF-Projektes kann keine Aussage gemacht werden. Zu Herrn *Weise* besteht seit dessen Ausscheiden aus der AdW im Jahre 1988 kein Kontakt mehr. Herr Dr. *Moll* ist leider bereits im Jahre 2011 verstorben.

Abb. 8.5: Konrad Zuse 1966 zur Inbetriebnahme des Zuse-Rechners Z 25 im damaligen EKB

Die einzelnen Systemteile des CASAF-Projektes waren auf einem EC 1056 (Tab. 9.2, Zeile 6) implementiert und wurden über EC 7926 Terminals in Fernaufstellung genutzt. Der EC 1056 Rechner befand sich im neuen Rechenzentrum des CKB in der Zörbiger Straße.

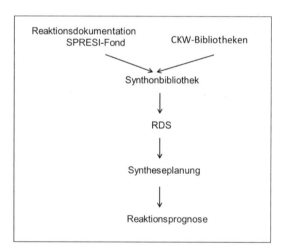

Abb. 8.6: Funktionsschema Syntheseplanung CASAF-Projekt 1988

Dass gerade im CKB intensiv Computerchemie betrieben wurde, hatte seinen Grund in der Vielzahl der dort hergestellten Zwischen- und Endprodukte. Sie fanden letztlich in verschiedenen Wirkstoffen eine breite Anwendung. Das heißt, die Verbesserung der

Wirkeigenschaften war das Ziel der werkseigenen computergestützten Wirkstoff-, und Vorlaufforschung.

8.5   Ein Senatsbeschluss der THLM

Leider erfolgte die Definition, was Computerchemie sein darf bzw. leisten muss, Mitte der 80er-Jahre an der THLM ziemlich eigenwillig nach vermeintlichem Nutzen für einige Wissenschaftsbereiche. So legte der Wissenschaftliche Rat der TH 1986 fest: „Computerchemie wird als computergestützte Syntheseplanung definiert. Computerchemie ist an der Sektion Chemie in einem Umfang zu betreiben, wie es für die studentische Ausbildung erforderlich ist (Algorithmen von Synthesewegen)" [8.7]. Diese recht ambitionierte Aufgabenstellung konnte zu jener Zeit jedoch gar nicht bearbeitet werden. Weder standen der Sektion Chemie chemieorientierte Datenbanken zur Bewertung der generierten Syntheseschritte noch leistungsfähige PC-Computer (16 Bit-Rechnern) zur interaktiven Syntheseplanung zur Verfügung. Der Senatsbeschluss stellte lediglich eine Alibi-Entscheidung dar. Längst war bekannt geworden, dass die Gruppe Computerchemie sich auflöste: Die jungen Leute gingen nach Ablegung des Diploms in die Analytik nach Schkopau, die älteren Mitarbeiter wechselten innerhalb der TH ihre Arbeitsstelle. Zu einer Verwirklichung des Senatsbeschlusses kam es auch später nicht. Auch an eine Kontaktaufnahme zu der bereits arbeitenden Syntheseplanung von *Moll* im benachbarten Bitterfeld dachte niemand. Denn eine Rechnerkopplung, wie sie über Jahre mit Sibirien funktionierte, hätte man natürlich auch mit dem CKB in Bitterfeld organisieren können.

8.6   Simulation massenspektroskopischer Fragmentierungen

Der Baum massenspektroskopischer Fragmentierungen ist monodirektional. Ausgehend vom Molekülpeak MM+∗ werden in Form sogenannter Retrosynthesen Serien von Fragmentionen generiert. Die primär gebildeten Molekülionen besitzen einen hohen Energieüberschuss und zerfallen in kleinere Fragmente F_i unter Abspaltung entweder von Radikalen $R_i∗$ oder von Neutralteilen N_i (Abb. 8.7). Triebkraft der Fragmentierungreaktionen ist die Stabilisierung der Radikalkationen durch Abspaltung eines Radikals $R_i∗$.

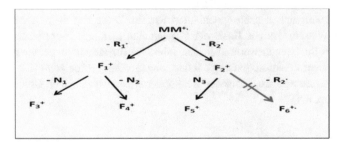

Abb. 8.7: Reaktionsbaum massenspektroskopischer Fragmentierungen: MM$^{+.}$ Molekülion (Radikalkation), F_i^+ Fragmentionen, R_i Radikal und N_i Neutralteil

Im Umkehrschluss muss eine konsekutive Abspaltung von Radikalen, wie in Abb. 8.7 rechts in Rot angedeutet, energetisch verboten sein und tritt in organischen Verbindungen auch nicht auf, selten in elementorganischen Strukturen, und auch nur dann, wenn das Metallatom in verschiedenen Oxydationsstufen stabil vorliegen kann, z. B. bei Molekülionen von Vanadatorganylen.

Das maschinelle Erkennen von Radikalen und Neutralteilen erfolgt bei CHNO-Verbindungen auf der Basis der sogenannten Stickstoffregel aus der Massenzahl des Bruchstückes und der Zahl der Stickstoffatome Z_N. Es gilt:

$$MZ = ungradzahlig \& Z_N = 0, 2, 4, dann\ Radikal\ R*\ ,$$

Gl. 8-4

$$MZ = gradzahlig \& Z_N = 0, 2, 4, dann\ Neutralteil\ N.$$

Gl. 8-5

Die Modellfragmentierungen werden zur Spektreninterpretation benötigt. Eigentlich besteht zwischen den registrierten Massenzahlen der Ionen im Spektrum und ihrer Bruttoformel ein recht einfacher mathematischer Zusammenhang. Die Massenzahl MZ und die Koeffizienten der Elemente q_i mit ihrer Masse m_i sind durch die algebraische Beziehung miteinander verknüpft:

$$\sum m_i q_i \propto MZ$$

Gl. 8-6

Doch scheitert die Berechnung bei Massenzahlen MZ > 100 durch die exponentiell anwachsende Vielzahl Z der generierten Bruttoformeln:

$$Z = 2^{(1+MZ/28)}$$

Gl. 8-7

Kennt man jedoch den Fragmentierungsbaum, lassen sich für kleine Bruchstücke aus der Beziehung Gl. 8-6 die Bruttoformeln mit relativ wenig Aufwand herleiten. Die Fragmentierungsreaktionen generiert der Rechner aus vorgegebenen Valenzstrichformeln, also aus dem Molekülgraphen nach vereinbarten Regeln. Diese Regeln basieren auf jenem empirischen Wissen, das auf Basis der sogenannten „Organisch-chemischen Theorie" zur manuellen Spektrenauswertung in den Jahren zuvor zusammengetragen worden ist und nun, in einem Reaktionsgenerator fixiert, abgegriffen werden kann [8.8 – 8.10]. Die Vielzahl der massenspektroskopischen Reaktionen lässt sich zu sieben Grundtypen komprimieren (Abb. 8.8).

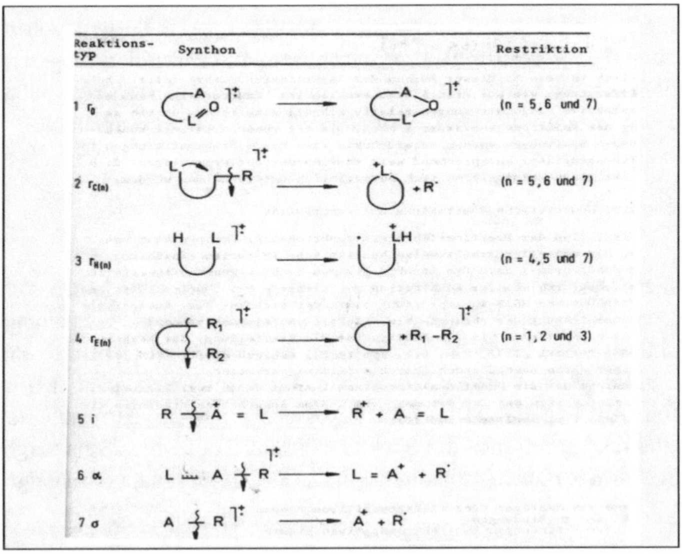

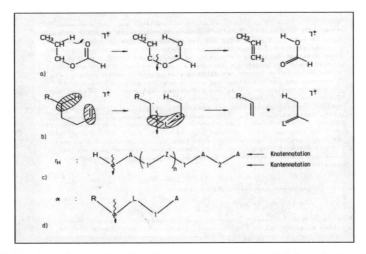

Abb. 8.8: Generator für massenspektroskopische Fragmentierungen [8.7] in Synthondarstellung

Natürlich sind die genannten Fragmentierungen in Sythonschreibweise fixiert und werden auch rechnerintern so verarbeitet, wie am Beispiel der in Abb. 8.9 gezeigten *McLafferty*-Umlagerung demonstriert ist. Dabei stellen die ersten vier in Abb. 8.8 aufgeführten Reaktionen Umlagerungen unter geringem Energieverbrauch dar, die folgenden drei Fragmentierungen unter Radikalbildung mit hohem Energieverlust.

Abb. 8.9: Darstellung einer *McLafferty*-Umlagerung an n-Propylformiat, a) chemietypische Notation der massenspektroskopischen Reaktion, b) reduzierte Darstellung mit eingezeichneten Synthonen, c) Synthone des Reaktionsgenerators

Fragmentierungen mit geringen Aktivierungsenthalpien, wie z. B. die Wechselwirkungs-
reaktionen r_0 oder r_c, Wasserstoffwanderungen r_H oder Skelettumlagerungen r_E, dominieren energetisch vor den Spaltungen. Bei den Spaltungen rangiert energetisch die indukti-
ve Ladungsverschiebung i vor der α-Spaltung und diese vor der σ-Spaltung:

$$(r_0 \propto r_H \propto r_C \propto r_E) < (i < \alpha < \sigma)$$

Gl. 8-8

Mit einer hierarchischen Ordnung der Reaktionen im Generator lassen sich selektive
Umlagerungen relativ schnell finden. Die mit ihnen konkurrierenden Spaltungen werden
dann unterdrückt, wenn beide konkurrierenden Reaktionen im Generator entsprechend
weit voneinander getrennt liegen, mithin ihre Aktivierungsenthalpien sich beträchtlich
unterscheiden. Aus hypothetischen Strukturvorschlägen entstehen simulierte Fragmentionen, die mit den gemessenen des Spektrums manuell auf Koinzidenz verglichen werden. Bei hinreichender Übereinstimmung gilt das Strukturpostulat als bestätigt.

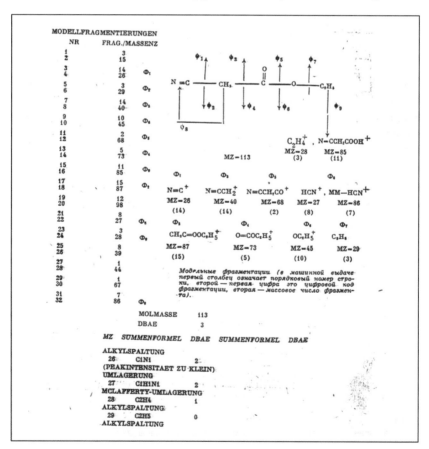

Abb. 8.10: Modellfragmentierungen am Beispiel des Cyanessigsäureethylesters [8.11]

Die Modellfragmentierungen sind in Abb. 8.10 auszugweise am Beispiel des Cyanessig-säureethylesters abgebildet. Links in der Darstellung erfolgt die Wiedergabe der Einga-bedaten. Unter der Bezeichnung der „Modellfragmentierungen" stehen die vom Rechner generierten Fragmentionen und die dazugehörigen Fragmentiersreaktionen. Das Rech-nerprotokoll wird auf der rechten Seite als Lesehilfe durch eine zusätzlich manuell ein-gezeichnete Valenzstrichformel mit den Fragmentierungsreaktionen sowie den Bruchstü-cken als Erläuterung für eine Publikation in Russischer Sprache ergänzt.

Die oben genannte Auswertestrategie für niedrig aufgelöste Massenspektren bildete 1972 einen der ersten Beiträge zur computergestützten Strukturaufklärung überhaupt. Alle Rechneroperationen fanden an der THLM im Stapelbetrieb am R-300 bzw. später am R-21 statt (Tab. 9.2, Zeilen 2 und 3). Als Programmiersprache diente zunächst Algol, später zur Zeichenkettenverarbeitung in der problemorientierten Programmiersprache PL/1.

8.7   Ein Kolloquiumsvortrag in Akademgorodok

Im März 1973 fand eine Spektroskopikertagung in der Alten Börse in Leipzig statt, auf der die im Kap. 8.6 genannten Modellfragmentierungen erstmals vorgestellt wurden. Ein sehr gut Deutsch sprechender Herr aus Sibirien, wie sich später herausstellte: der dama-lige Rektor der Nowosibirsker Universität, bot an, dieses Auswerteverfahren in Aka-demgorodok weiterzuentwickeln. Er hatte natürlich im Vortrag erkannt, dass rechnerin-tern eine figürliche Darstellung vorliegen musste, aus der die Fragmentierungen abgelei-tet worden waren. Und mit der rechnerinternen Verarbeitung von Valenzstrichformeln beschäftigte auch er sich mit seinem Team intensiv, wie im Kap. 3.1 bereits erwähnten Datenbankprojekt. Doch er sollte auf ein Wiedersehen in Sibirien noch sieben Jahre warten müssen. Endlich konnte für den 6.10.1980, einen Tag vor dem russischen Feier-tag „Tag der Verfassung", das Kolloquium zur rechnergestützten Auswertung von Mas-senspektren im Organischen Institut in Akademgorodok angesetzt werden.

Der Inhalt des Vortrages behandelt die Abbildung massenspektroskopischer Reaktio-nen in der Rechnerebene. Dabei findet u. a. die Technologie der Zeichenketten-verarbeitung eine Erwähnung. Denn die massenspektroskopischen Fragmentierungen aliphatischer Verbindungen lassen sich durch mathematisches „Zerschneiden" der Zei-chenkette rechnerintern abbilden. In diesem Zusammenhang erfolgt der Verweis, dass verzweigte aliphatische Strukturen nicht mit einer einzigen Laufanweisung zu bearbeiten sind und diese Problematik 200 Jahre zuvor durch *Leonard Euler* im sogenannten „**Problema mosti Kaliningrada**" graphentheoretisch bearbeitet worden war. Doch diese Formulierung gefällt einem etwas älteren sibirischen Kollegen nicht. Er unterbricht die Ausführungen und erwidert, dass er zwar die Hochachtung für den ersten sowjetischen Staatspräsidenten, Genossen Kalinin, teilen würde, aber in modernen russischen Mathe-matiklehrbüchern immer nur von einem **Königsberger Brückenproblem** zu lesen sei. Schließlich liegen zwischen der Entdeckung des graphentheoretischen Phänomens und der Geburt von Herrn Kalinin mehr als 100 Jahre. Natürlich hat der Sibirier mit seiner Kritik recht. Der Name Kaliningrad musste allerdings nach ausdrücklicher Kritik der

Sprachlehrer aus dem Waldhaus in Halle in den Vortragstext anstelle der preußischen Stadtbezeichnung eingesetzt werden. Die Anwesenden im Saal wissen diese devote Aussage richtig zu deuten. Alle Akteure leben schließlich im gleichen politischen System, in einem System, in dem sich historische Fakten oder die Logik stets ideologischen Prämissen unterzuordnen haben.

Vortrag und Diskussion verlaufen in Akademgorodok völlig anders als an der THLM. Hat jemand aus dem Auditorium eine Frage, steht er auf und formuliert sie mit wenigen Sätzen. Der Vortragende muss diese Frage erst beantworten, ehe er in seinem Text fortfahren kann. Eine Hierarchie der Fragenden gibt es nicht, langatmige Selbstdarstellungen der Diskussionsredner auch nicht. Eigentlich herrscht eine muntere, sehr aufgeschlossene Diskussionsatmosphäre. Für einen Ausländer besteht nur die Schwierigkeit, das Gefragte zu verstehen und sofort die Vokabeln für eine Antwort zu finden.

Nach dem offiziellen Ende möchte der erste Fragesteller noch wissen, wieso ein Chemiker ein so ausgefallenes Gebiet der Graphentheorie kennen würde. Die Geschichte über *Euler* ist leicht erzählt. In der Stadt Zerbst gibt es eine sehr alte Bibliothek. Sie gehört bis 1798 200 Jahre lang zur Anhaltinischen Landesuniversität. Die hohe Schule schließt man infolge der Napoleonischen Kriege. Die Bibliothek wird jedoch auf Befehl der Zarin **Jekaterina** II. von Peterburg aus gepflegt und bleibt deshalb weiter bestehen. Alle Publikationen der Peterburger Akademie der Wissenschaften gelangen als Duplikate nach Zerbst. Und diesem Zarenbefehl ist es zu verdanken, dass die *Euler*sche Publikation in die alte Bibliothek in Zerbst gelangt. Die Publikationstransporte erfolgen selbst unter den Enkeln und Urenkeln der Kaiserin noch bis zum Jahre 1858. So sind z. B. alle Publikationen der nach den Befreiungskriegen neu gegründeten dritten russischen Hochschule in Kasan ebenfalls in der Bibliothek zu finden. Und sie sind gut verständlich zu lesen, denn sie mussten auf Befehl des Enkels von *Jekatharina*, Kaiser *Alexander I.*, in deutscher Sprache verfasst werden. Diese Kulturgeschichte, die zugleich Teil einer gemeinsamen russisch-deutschen Geschichte ist, erfreute den alten Herrn sehr. Orte wie Leningrad (Petersburg) oder Zerbst sind für einen Sibirier in jener Zeit nur zufällig per Dienstreise zu erreichen.

Literatur

Protokoll der Beratung des Senates des wissenschaftlichen Rates der TH Merseburg vom 3.3.1986

[8.1] A. Weise: RDS – A new sign in the chemical informatics field. Studie AdW-Berlin Adlerhof (1984)

[8.2] A. Weise: Abbildung organisch-chemischer Reaktionen mit dem Simulationsprogramm AHMOS. Z. Chem. **15** (1975) S. 333

[8.3] R. G. Pearson: Hard and Soft Acids and Bases. J. Am. Chem. Soc. **85** (1964) S. 3533–3539

[8.4] J. Hinze, H. H. Jaffe: Bond and Orbital Electronegativities. J. Am. Chem. Soc. **85** (1963) S. 149

[8.5] J. Gasteiger: An algorithm for estimating heats of reaction. Computers & Chemistry 2 (1978) S. 85–88

[8.6] R. Moll et al.: CASAF–ein integriertes CAD-System für die Syntheseforschung-Stand und Entwicklung Chem. Techn. **40** (1988) S. 33–35

[8.7] Protokoll der Beratung des Senats des wissenschaftlichen Rates der TH Merseburg vom 3.3.1983

[8.8] Autorenkollektiv: Analytikum 9. Auflage, DVG Leipzig/Stuttgart (1994) S. 536 ff.

[8.9] B. Adler, B. G. Derendaew: Interpretazija mass-spektrow na osnowe iskusstbenno-go intellekta. Isb. Sib. Otd. Akad. Nauk **5** (1982) S. 85–90

[8.10] in [2.4] S. 221–222

9   Standorte der Chemieregion

9.1   Rohstoffbasis und Energiepioniere

Reiche Bodenschätze an Braunkohle und Mineralsalzen bilden im 19. Jahrhundert die Basis für den Aufbau der Chemischen Industrie in Mitteldeutschland. Zunächst sind es aber nicht die Chemiker, die die Entwicklung der Region prägen, sondern zwei Energiepioniere: *Carl Adolf Riebeck* und Dr. *Walter Rathenau.* Beide nutzen die Braunkohle energetisch. Der Erstgenannte ist Bergmann aus dem Harz, kennt sich mit der Wasserführung in Bergwerken aus. Er entwässert die Braunkohle in den Tagebauen, d. h. legt die Braunkohle noch in den Tagebaugruben trocken. Dadurch gewinnt die Kohle erheblich an Heizwert. Mit der ersten industriellen Heißbrikettierung in Bruckdorf bei Halle kann *Riebeck* eine weitere Heizwerterhöhung der Kohle erreichen. Parallel dazu beginnt er mit der Verschwelung der Rohbraunkohle und sucht nach Verwendungsmöglichkeiten für die Schwelgase und Öle. Schließlich erkennt er den chemischen Wert paraffinhaltiger Kohlen, besonders jener Kohlen aus dem Weißenfels-Zeitzer Revier für die Chemische Industrie, und errichtet verschiedene Montanwachsextraktionen. Eine seiner Paraffinextraktionen arbeitet westlich von Halle heute noch.

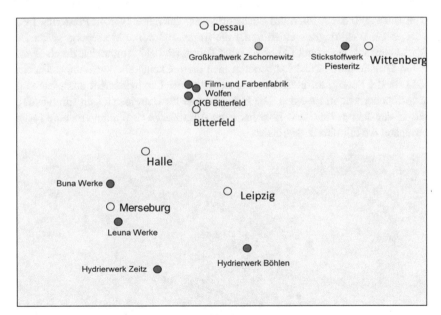

Abb. 9.1: Fabrikationsstandorte in der Chemieregion in Mitteldeutschland

© Springer-Verlag GmbH Deutschland, ein Teil von Springer Nature 2019
B. Adler, *Computerapplikationen in der Mitteldeutschen Chemieregion – ein historischer Abriss*, https://doi.org/10.1007/978-3-662-59056-0_9

Der andere Energie-Pionier, der Physiker Dr. *Walter Rathenau*, setzt zunächst auf die Verstromung der Braunkohle. Er baut das erste, nicht industriegebundene Großkraftwerk in Zschornewitz bei Gräfenhainichen in der Nähe von Bitterfeld (Abb. 9.1), lässt das erste Umspannwerk in Marke südöstlich von Dessau errichten sowie eine Überlandleitung nach Berlin. *Rathenau* sucht Kunden für seinen Strom. Private Haushalte als Stromabnehmer gibt es zu jener Zeit nur wenige. Also betreibt er eine kluge Industrieansiedlung und veranlasst, dass die Griesheim Elektron Werke ein Zweigwerk in Bitterfeld errichten, bzw. siedelt die Bayrischen Stickstoffwerke in Piesteritz bei Wittenberg an. Das Natriumchlorid aus den nahegelegenen Bergwerken von Staßfurt und Bernburg sowie Kalkstein aus dem Harz bilden die Rohstoffbasis für die elektrochemische Verwertung der Energie in Bitterfeld bzw. Piesteritz. Das Richtungsweisende bis in unsere Tage am Elektrifizierungskonzept von *Rathenau* besteht in der Kopplung von Energieerzeugung und Energiekonvertierung, eine Grunderkenntnis in der Elektroenergieerzeugung, die leider heutige Wind- und Solarparkbetreiber meinen ignorieren zu dürfen. Im Zschornewitzer Kraftwerk geht damals keine installierte Turbine ans Netz, wenn in Piesteritz nicht ein weiterer Carbid- oder Azotierungsofen betriebsfähig ist.

9.2   Die Mitteldeutschen Chemiebetriebe

Die Inbetriebnahme der ersten Chlor-Alkali-Elektrolyse in Bitterfeld erfolgt im Jahre 1893 in Bitterfeld, der Aufbau des Stickstoffwerkes im Jahre 1915 in Piesteritz. In der Zeit des ersten Weltkrieges werden ferner die Ammoniakwerke Merseburg, später Leuna-Werke genannt, aufgebaut (Abb. 9.2) und liefern ab 1917 Ammoniak durch Hydrierung von Luftstickstoff. Zunächst benötigt man diese Chemikalie zur Salpetersäureherstellung für die Sprengstoffherstellung, später kann die Landwirtschaft ausreichend mit Stickstoffdünger versorgt werden. Die Hektarerträge für Getreide steigen sprunghaft an. Bereits in den Jahren 1896 und 1909 hatte die **Agfa** Berlin in Wolfen erst eine Farbenfabrik, später die Filmfabrik gegründet.

Abb. 9.2: Ansicht der Leuna-Werle 1921, Foto einer Kopie des Ölgemäldes von *Bollhagen* aus der Villa Arbor in der Gartenstadt Leuna 9/2018

Tab. 9.1: Chemiestandorte und ihre Hauptprodukte

Standort	Hauptprodukte bis 1990	Hauptprodukte nach 1990	Computerappli-kationen bis 1995	jetzige Betriebe
	1	2	3	4
[1] Wolfen (Film)	Ag-Film, Farbfilm	Produktionsein-stellung		Chemiepark Bitterfeld-Wolfen
	Magnetbänder	Produktionsein-stellung	automatisierte MB-Produktion	Industriepark Dessau
[2] Wolfen (Farben)	Farben, H_2SO_4 Ionenaustauscher	Produktionsein-stellung	siehe CKB	Chemiepark Bitterfeld-Wolfen
[3] Piesteritz	Ca-, N-, P-Düngemittel, SE-Metalloxide	Harnstoff	Rechnungswesen	SKW Piesteritz
[4] CKB	NE-Metalle, Cl_2, NaOH, PVC, 1600 org. Produkte	Si, P-Chloride, Cl_2, NaOH	Syntheseplanung	Chemiepark Bitterfeld-Wolfen
[5] Buna	Kautschuk, PVC Polyolefine, Cl_2, NaOH	Kautschuk, PVC Polyolefine Cl_2, NaOH	Prozessoptimie-rung Mutagenitätsana-lyse Multisensoren	Dow Chemical
[6] Leuna	KW, Caprolactam, **PA**, PE, Metha-nol, Leime,	Raffinerie-Produkte, Caprolactam, techn. Gase, PE	chemieorientierte Datenspeicher	TOTAL Raffinerie DOMO Chemicals Linde AG Dow Chemical
[7] Zeitz	Schmierstoffe Schmierstoffaddi-tive	Schmierstoffre-cycling	Syntheseplanung	Puralube
[8] Böhlen	olefinische und aromatische Kohlenwasser-stoffe	Ethylen, Propylen	chemieorientierte Datenspeicher	Dow Chemical

Im Jahre 1936 kommt es zu drei weiteren Firmengründen in der Mitteldeutschen Region. Die **Brabag** errichtet die Hydrierwerke in Böhlen und Zeitz für die Herstellung von Treib- und Schmierstoffen, die IG Farben AG in Schkopau bei Merseburg die Buna-Werke zur Produktion von Synthesekautschuk und aliphatischen Zwischenprodukten auf Carbidbasis. Das Mitteldeutsche Industrie-Revier, später auch als **Chemiedreieck** be-zeichnet, umspannt die Region der obengenannten großen Chemiestandorte (Abb. 9.2). Aber auch viele kleinere und mittlere chemische Betriebe prägten die Mitteldeutsche Industrielandschaft. Es handelt sich u. a. um Braunkohlenschwelereien, Paraffinverarbei-tungsbetriebe, Schmierölfabriken, Waschmittel-, Farb- und Arzeneimittelwerke sowie sehr viele plasteverarbeitende Betriebe. Der erste Kunststoff, das PVC, wird z. B. in

Bitterfeld erfunden, die erste vollsythetische Faser, die PeCe-Kunstfaser, in Bitterfeld und Wolfen entwickelt. Im Dezember 1943 findet die Umsetzung einer letzten, großen Innovation in der Filmfabrik in Wolfen statt. Es kommt es zur Magnetbandproduktion für Tonaufzeichnungen.

Von 1925 bis 1945 gehören die großen Werke zur IG Farben AG, von 1946 bis 1953 stehen sie als SAG-Betriebe unter sowjetischer Kontrolle und müssen chemische Produkte an die Sowjetunion als Reparationsleistungen erbringen, werden aber bis 1946 fast alle, bis auf die Buna-Werke, die kriegsbedingt nur teilweise aufgebaut sind, bis zu 75 % demontiert. Eine zusätzliche Belastung für die Werke tritt durch die SU-Aufenthalte des wissenschaftlichen Personals auf. Insgesamt verliert die Region bis 1954 zeitweilig 2500 Fachkräfte, darunter auch acht Wissenschaftler aus dem Bitterfelder Werk [9.2]. Ab 1.1.1954 entstehen aus den SAG-Betrieben die VEB-Betriebe, die 1969 zu größeren Betriebseinheiten, den Kombinaten, vereinigt werden. Zum Beispiel umfasst das Kombinat CKB in Bitterfeld nach dem Zusammenschluss die Werke vom ehemaligen **EKB** in Bitterfeld, die Farbenfabrik in Wolfen, das Chemiewerk in Nünchritz, die Sodawerke in Staßfurt und Bernburg. die Chemiewerke in Dohna und Bad Köstritz, die Fettchemie Karl-Marx-Stadt (Chemnitz), das Elektrokohlewerk in Berlin-Lichtenberg und das Domal Werk in Stadtilm.

Im Jahre 1990 werden alle Kombinate abgewickelt. Man gründet Industrieparks in Bitterfeld, Wolfen, Leuna oder Zeitz. Derzeit besteht z. B. der **Chemiepark Bitterfeld-Wolfen** aus 300 Firmenansiedlungen. Nur die Buna-Werke bleiben bis 1995 von dieser Zerschlagung verschont und bilden mit dem **SOW** Böhlen und dem Werkteil Leuna II den **BSL**-Olefinverbund unter Treuhandverwaltung. Der Cracker in Böhlen liefert u. a. Ethylen und Propylen. Beide Monomere werden in Leuna bzw. Buna polymerisiert. Diesen BSL-Olefinverbund übernimmt 1995 die Dow Chemical. Die Chloralkalielektrolysen sowohl in Schkopau als auch am Bitterfelder Standort betreibt man weiter. Allein die Standortgenehmigungen zum Produzieren von Chlor sind einfach zu interessant und wertvoll. Dass **ORWO** in Wolfen damals völlig untergeht, hat mit seiner Produkt- und Marktstruktur zu tun. Anfang der 80er-Jahre hatte man das Tempo der Umstellung der klassischen Silberfilm-Fotografie durch die Digitaltechnik seitens der Werkleitung unterschätzt [9.3].

Der Filmmarkt bricht schneller als prognostiziert zusammen. Zudem musste ORWO mit Filmen und Magnetbändern den gesamten RGW-Markt versorgen. Mit der Einführung der DM und dem Zusammenbruch der SU 1992 ist sowohl das Ende der Filmherstellung in Wolfen als auch der Magnetbandherstellung am Dessauer Standort besiegelt. Von den ehemaligen Produktionsgebäuden sind in Wolfen nur wenige Gebäude aus der Agfa-Zeit erhalten geblieben, u. a. die Gießerei III (Abb. 9.3). Die modernen Produktionsanlagen der Magnetbandfabrik in Dessau wurden vollständig beseitigt.

Abb. 9.3: Gebäude der ehemaligen Agfa-Gießerei III in Wolfen, ab 2001 Epoxidierungsanlagen der Dracosa AG, der blaue Container in Bildmitte ist die transportable Biodieselanlage

9.3   Computerapplikationen im Chemiedreieck

Als Hauptursache eines nicht gerade übermäßig betriebenen Computereinsatzes in den großen Chemiewerken im Chemiedreieck darf man Anfang der 80er-Jahre sicherlich die chronische Unterversorgung mit PC-Rechnern ansehen. Ein weiterer Grund liegt darin, dass einige Führungskräfte zeitbedingt eigene praktische Erfahrungen im Umgang mit der Rechentechnik nicht sammeln konnten, ihnen einfach das Vorstellungsvermögen fehlt, wie man durch Computereinsatz auch in Altanlagen höhere Produktqualitäten oder Anlagensicherheiten erzielen kann. Schließlich darf man als einen weiteren hemmenden Faktor die unzureichende Kommunikation mit den in allen Chemiewerken zwar einge-richteten Rechenzentren und seinen Nutzern nicht unterschätzen. Ein Kunde kann zu jener Zeit meist nur im Stapelbetrieb mit dem Rechner kommunizieren. Ein Dialogbe-trieb über Datenendplätze bildet eher die Ausnahme, z. B. im CKB in Bitterfeld oder in den Leuna-Werken. Die Rechenzentren stellen abgeschottete Datenverarbeitungseinhei-ten dar, mit denen ein schneller Informationsaustausch kaum möglich ist. Neue Pro-grammstrukturen lassen sich oft nur sehr mühevoll und viel zu zeitaufwendig entwi-ckeln. Dieses System schreckt einen potenziellen Nutzer eher ab, als dass es sein Interes-se an der maschinellen Rechentechnik weckt.

Zu den großen Werken, die die Wende 1989 nicht überleben, gehören, wie bereits er-wähnt, einmal die Film- und die Magnetbandfabrik von ORWO, zum anderen die Wol-fener Farbenfabrik (Tab. 9.1 Spalte 2). Bei ORWO in Wolfen hätte in den 60er- und 70er-Jahren möglicherweise eine computergestützte Syntheseplanung zur Entwicklung von neuen Farbkupplern noch Sinn gemacht, doch werden in den 80er-Jahren dafür keine Aktivitäten mehr unternommen. Die Silberfilmproduktion ist ein Auslaufmodell. Man könnte voreingenommen meinen, dass die Produktionsanlagen der genannten Werke technisch bereits so verschlissen sind, dass eine Automatisierung nicht mehr in Erwägung gezogen wird. Doch diese Vermutung trifft nur teilweise zu. Nach *Eser* [9.1] investiert man im CKB und damit auch in der Farbenfabrik Wolfen z. B. im Zeitraum 1981 bis 1990 in mehr als 20 Großprojekte. Auch in der Filmfabrik ORWO erfolgen bis zum Jahre 1988 z. T. große Ersatz- und Neuinvestitionen. Eine dieser Neuinvestitionen bildet die bereits erwähnte automatisierte Magnetbandproduktion in Dessau (Kap. 6.6).

Das Produktprofil vom CKB besteht bis 1990 aus in einer Vielfalt von etwa 1600 Erzeugnissen. Abgesehen von der Produktion der **NE-Metalle** und NE-Metalllegierungen dominieren im CKB die organischen Stoffe und die Wirkstoffforschung. Das Werk wird auch als Apotheke des Landes bezeichnet. Hier lohnt sich eine computergestützte Vorlaufforschung in Form der Syntheseplanung (Tab. 9.1, Zeile 4). Sie wird im CKB zielstrebig aufgebaut und betrieben.

Umgekehrt ist das Produktionsprofil der Leuna-Werke von relativ wenigen Produkten gekennzeichnet. Sie werden jedoch in sehr hohen Tonnagen hergestellt. Es handelt sich u. a. um die Grundchemikalien: NH_3, Kohlenwasserstoffe, CH_3OH, CH_2O, sowie die Polymerwerkstoffe PE und PA. Hauptanwendung der Rechneranwendungen bilden damals Faktenrecherchen zu thermophysikalischen Parametern für die Dimensionierung der Kolonen und Reaktoren. Deshalb stehen in jener Zeit in den Leuna-Werken Aufbau und Organisationsbetrieb der Datenbanken im Vordergrund der Computerapplikationen (Tab. 9.1, Zeile 6).

Im Hydrierwerk Zeitz stellt man sowohl Schmierstoffe als auch Schmierstoffadditive her. Additive mit verbesserten Wirkeigenschaften und geringeren negativen Nebenwirkungen, z. B. geringer Aschegehalt und ohne mutagene Nebenwirkung bilden Ende der 80er-Jahre ein ideales Betätigungsfeld für die Computerchemie. Die neuen Schmierstoffadditive jener Zeit basieren auf Computersimulationen (Tab. 9.1, Zeile 7). Der Schmierstoffbereich des ehemaligen Hydrierwerkes Zeitz wird mit der Übernahme von Firmenresten des ehemaligen Hydrierwerkes durch die US-Firma Puralube weitergeführt.

Der Aufbau der Computerchemie in den Buna-Werken basiert auf ökonomischen und politischen Zwängen. Einmal verlangt der Markt in den 80er-Jahren immer homogenere Polymerisate, die nur durch eine moderne Prozessführung herstellbar sind. Zum anderen zwingt die Umweltgesetzgebung zu Beginn der 90er-Jahre zu einem Umdenken in der Chlorchemie und letztlich zur Erarbeitung von Mutagenitätsstudien, aber auch zu Verbesserungen in der Abwasserbehandlung. Die genannten Aufgabenkomplexe sind nur durch Computerapplikationen zu bewältigen.

9.4   Wechsel der Computerchemie von der THLM nach Buna

In der Analytik, vor allem in der Spektroskopie erfolgt Ende der 60er-Jahre mit dem Übergang von der photochemischen Aufzeichnung, den Spektrographen, zu den elektronischen aufzeichnenden Geräten, den Spektrometern, eine gravierende Modernisierung der Untersuchungsverfahren. Die Analytik wandelt sich zur instrumentellen Analytik mit Dienstleistungscharakter. An der THLM entsteht in jenen Jahren ein Zentrum für spektroskopische Großgeräte, in dem die **UV/VIS**-Spektroskopie, die IR-Spektroskopie, die

ESR-Spektroskopie und die NMR-Spektroskopien sowie die Massenspektroskopie zusammengefasst sind. Relativ schnell setzt sich die Erkenntnis durch, dass eine elektronische Registrierung zwar viele Daten in kurzer Zeit leicht erzeugen kann, aber diese Datenfülle letztlich noch keine Strukturinformation darstellt. Drei mathematische Denkrichtungen zur Datenaufarbeitung bilden sich weltweit in jenen Jahren heraus: die Datenbankrecherchen, wie im Kap. 3.1 beschrieben, die Mustererkennungsverfahren entsprechend Kap. 4 und das Simulieren von Spektren aus Strukturvorschlägen, mitunter auch als Ab-initio-Rechnungen bezeichnet. In der Großgeräteabteilung der THLM bevorzugt man die Spektrensimulationen, die im Falle der Auswertung von NMR-Spektren über die Bildung von Inkrementsystemen recht erfolgreich sind. Auch in der Massenspektroskopie bietet das Simulieren von Isotopenmustern bei Verbindungen mit isotopenreichen Elementen wie: Cl-, Br- oder S-Atomen bzw. bei einigen metallorganischen Verbindungen sofort eine wirkungsvolle Auswertestrategie. Doch der überwiegende Teil der Massenspektren entsteht aus CHNO-Verbindungen. Solche Spektren besitzen keine markanten Isotopenmuster. Sie lassen sich über die Isotopenpeaks numerisch nicht auswerten, sondern nur durch das Generieren von Modellfragmentierungen, wie in Kap. 8.6 beschrieben. Alle genannten Auswertestrategien verlangen eine Vielzahl mathematischer Methoden und sind nur durch massiven Einsatz von leistungsstarken Rechnern zu bewältigen. Damit erwächst durch die Analytik in wenigen Jahren der Theoretischen Chemie eine ernsthafte Konkurrenz, was den Einsatz von maschinellen Rechenhilfsmitteln anbetrifft.

In den Jahren 1971 bis 72 müssen an der THLM alle unbefristet eingestellten Mitarbeiter, einschließlich der Wissenschaftsbereichsleiter, einen Computergrundkursus belegen und einen schriftlichen Nachweis über die Kenntnis der Programmiersprache ALGOL oder FORTRAN erbringen. Diese strikte Forderung gilt ohne Ausnahme für alle Fachbereiche. Zur gleichen Zeit errichtet man das zentrale Rechenzentrum. Doch dann stagniert die weitere Entwicklung. Die für 1983 geplante Inbetriebnahme des ESER-Rechners EC 1055 erfolgt erst vier Jahre später, die für 1981 angedachte Anschaffung von Kleinrechnern vom Typ KRS 4201 (Tab. 9.2, Zeilen 4 und 6) unterbleibt völlig [9.4]. Datenendplätze aus den Laboratorien zu diesem Rechenzentrum werden nicht installiert und Zugang zu einem PC-Rechner haben in jenen Jahren nur Chemiker, die an einem Messgerät westlicher Bauart zufällig über einen **Dedicatedrechner** verfügten. Der überwiegende Teil der synthetisch arbeitenden Chemiker besitzt damals keinen eigenen Zugriff zur maschinellen Rechentechnik. Fast 15 Jahre später hält sich deshalb das Interesse der Mitarbeiter in der Sektion Chemie für die Computerchemie in Grenzen.

Die Verantwortlichen der Sektion Chemie wollen trotz gegenteiliger Beteuerungen einen eigenen Fachbereich Computerchemie nicht zulassen. Einerseits propagieren sie zwar die rechnergestützte Syntheseplanung für die Studentenausbildung, wie in Kap. 8.5 gezeigt. Andererseits verbieten sie die Vorlesung zur Computerchemie und unterbinden die Datendialoge mit Akademgorodok. Besonders enttäuschend aber ist das Schweigen jener Kollegen, die sich für ihre Vorlesungen Softwareapplikationen ausborgen und diese Demonstrationen auch vorführen, oder jene, die die Simulationsverfahren nutzen und darüber publizieren. Sie finden damals nicht den Mut, sich öffentlich für die Computerchemie zu artikulieren. In dieser Atmosphäre von Gerätemangel, Mutlosigkeit und Desinteresse kann im Jahre 1986 an den Aufbau eines neuen Wissenszweiges der Chemie an der THLM nicht gedacht werden. Doch offenbart sich bei der Betreuung von Betriebs-praktika in den Buna-Werken das Interesse an Mustererkennungsverfahren zur Charakte-risierung der Produktionsprozesse. Die Kontakte zu den Buna-Werken zeigen zudem, dass eine gerätetechnische Basis für die Computerarbeiten in der dortigen Forschung vorhanden ist. Deshalb wechselt ein Teil der Arbeitsgruppe Computerchemie im Verlauf des Jahres 1987 in die Buna-Werke. Auch der Rest der Merseburger Arbeitsgruppe be-fasst sich nach 1987 nicht mehr mit der Computerchemie. Insofern hat der Chronist, Herr Dr. *Just* von der Physikalischen Chemie, recht, wenn er keine Ergebnisse der Computer-chemie in den Folgejahren an der THLM feststellen kann [9.5]. Die Aktivitäten auf dem Gebiet der Computerchemie an der THLM beschränken sich also in den Jahre 1972 bis 1986 auf die Generierung massenspektroskopischer Fragmentierungen, den Bau des Eingabetableaus und des IR-Raman-Simulators sowie der Datenbankrecherche mit dem NIZ in Akademgorodok.

Die in den Kap. 4 bis 7 dargestellten Simulationsergebnisse bestätigen die Richtigkeit des Wechsels der Computerchemie von der THLM in die Buna-Werke. In den Jahren 1987 bis 1997 entstehen dort verschiedene Verfahren zur Prozesssteuerung auf der Basis Neuronaler Netze, die Mutagenitätsanalyse für organische Zwischenprodukte, mehrere multivariate Sensorsysteme und neue Schmierstoffe in Kooperation mit dem Hydrier-werk in Zeitz. Ferner wird die später in Wolfen stattfindende Produktion nativer, nicht mutagen wirkender Epoxide durch Computersimulationen vorbereitet. Insgesamt erfolgt die Anmeldung von 60 Verfahrenspatenten, deren wissenschaftlich-technische Basis auf Computersimulationen zurückzuführen ist. Letztlich wären alle diese Ergebnisse ohne die ablehnende Haltung des Merseburger Lehrkörpers nicht zustande gekommen. Wie argumentiert der Dichter im Faust: „Ich bin ein Teil von jener Kraft, die stets das Böse will und doch das Gute schafft" [9.6].

Literatur

[9.1] A. Eser: Chemiekombinat war gestern. ifm (2009) S. 22

[9.2] D. Hackenholz: Zur Industriegeschichte der Bitterfelder Region. Heft 8 Bitterfeld (2000) S.72

[9.3] R. Karlsch, P. W. Wagner: Die AGFA-ORWO Story. vbb Berlin (2010) S. 177 ISBN 978-3-942476-04-1

[9.4] G. Reinemann: Organisations- und Rechenzentrum. In: Merseburger Beiträge zur Geschichte der chemischen Industrie Mitteldeutschlands 9 (2004) S. 136–141

[9.5] G. Just: Dezentrale Rechentechnik in der Chemie. In: Merseburger Beiträge zur Geschichte der chemischen Industrie Mitteldeutschlands 9 (2004) S. 71

[9.6] J. W. von Goethe: Faust eine Tragödie, Szene im Studierzimmer. Reclam Verlag (1971)

Personenverzeichnis

Ames Bruce Nathan, 1928 in New York geboren, Professor für Biochemie an der Universität Berkeley in Kalifornien, entwickelte den nach ihm benannten Ames-Test zur Schnellerkennung mutagener Wirkungen von Industriechemikalien.

Bayes Thomas, 1702 – 1761, engl. Mathematiker, befasste sich mit Modellen der statistischen Urteilsbildung.

Bollhagen Friedrich Ferdinand Otto, 1861 – 1924, Dekorationsmaler und Maler von Industrielandschaften.

Euklid von Alexandria ca. 300 v. Chr.

Euler Leonhard, 1707 – 1783, schweizer Mathematiker und Physiker, Mitglied der Petersburger und der Königlich-Preußischen Akademie der Wissenschaften, u. a. auch Begründer der Graphentheorie.

Hückel Ernst, 1896 – 1980, Chemiker, entwickelte die Berechnung von Molekülorbitalen (MO) aus der Linearkombination von Atomorbitalen.

Jekaterina II., in der deutschsprachigen Literatur Katharina genannt, am 2.5.1729 in Stettin als Sophie Auguste Friedericke von Anhalt-Zerbst geboren, mit Zar Peter III. verheiratet und zum Orthodoxen Glauben konvertiert, in Russland auch Jekaterina Zerbstaja genannt, regierte bis zu ihrem Tode am 17.9.1796 das Russische Zarenreich.

Junkers Hugo, 1859 – 1835, Konstrukteur, Unternehmer und Flugzeugpionier, gründete die Flugzeugwerke in Dessau. Nach ihm wurde ein Innovationspreis in Sachsen-Anhalt benannt.

Kalinin Michail Iwanowitsch, 1875 – 1946, von 1923 bis 1946 Staatsoberhaupt der UdSSR. Ihm zu Ehren wurde 1946 Königsberg in Kaliningrad umbenannt.

Keppler Johannis, 1571 – 1630 Mathematiker, Astronom und Naturphilosoph

Koptjug Valentin Afjanasewitsch, 1931 – 1997, russischer Chemiker, Gründer des NIZ, ab 1981 Präsident der Sibirischen Abteilung der Akademie der Wissenschaften der UdSSR, ab 1990 Präsident der IUPAC.

Lawrentjew Michail Alexejewitsch, 1900 – 1980, russischer Physiker und Mathematiker, ab 1957 Mitbegründer von Akademgorodok, maßgeblich am Bau der Staudamm- und Kanalprojekte beteiligt, Leninpreisträger, seit 1971 gewähltes Mitglied der Leopoldina in Halle.

Lagrange Joseph-Louis, 1736 – 1813, französischer Mathematiker, schuf den nach ihm später benannten Operator zur Koordinatentransformation.

© Springer-Verlag GmbH Deutschland, ein Teil von Springer Nature 2019
B. Adler, *Computerapplikationen in der Mitteldeutschen Chemieregion – ein historischer Abriss*, https://doi.org/10.1007/978-3-662-59056-0

Raman Chandrasekhara Venkata, 1888 – 1970 indischer Physiker, 1930 Nobelpreis für Physik für die Entdeckung des nach ihm benannten Streuprozesses an Flüssigkeiten.

Rathenau Walter, 1867 – 1922, promovierter Physiker, gründete im Jahre 1893 die Elektrochemischen Werke Berlin GmbH in Berlin und in Bitterfeld, nahm das erste nichtbetriebsgebundene Großkraftwerk in Zschornewitz im Dezember 1915 in Betrieb, veranlasste als Leiter der Kriegsrohstoffabteilung im preußischen Generalstab den Bau des Stickstoffwerkes in Piesteritz bei Wittenberg. Nach 1918 arbeitete Rathenau als Wiederaufbauminister der Weimarer Republik, später als Außenminister, schloss mit dem sowjetischen Außenminister G. Tschitscherin den Vertrag von Rapallo zur Normalisierung der beiderseitigen staatlichen Beziehungen zwischen der Weimarer Republik und der UdSSR ab. Rathenau wurde wegen seiner Politik der Aussöhnung mit den Nachbarstaaten Deutschlands 1922 ermordet.

Riebeck Carl Adolf, 1821 – 1883, begann seine berufliche Laufbahn in Harzgerode als Grubenjunge und verstarb in Halle als Grubenbesitzer und Großindustrieller, war Besitzer der Braunkohlengruben um Halle und Weißenfels sowie Besitzer von Paraffin-, Kerzen- und Montanwachsfabriken.

Sachs Horst, 1927 – 2016, Mathematiker, lehrte ab 1963 an der TU Ilmenau, fand das nach ihm später benannte Sachs-Theorem, den graphentheoretischen Zusammenhang zwischen Struktur und Energien bei Aromaten.

Zadeh Lofti, 1921 – 2017, iranisch-amerikanischer Elektroingenieur, Mathematiker, Informatiker, Begründer der Fuzzy-Logik, definierte als erster den Begriff der unscharfen Menge.

Zuse Konrad, 1910 – 1995, Bauingenieur, baute 1941 die erste elektronische Rechenmaschine Z3 auf Basis von Telefonrelais. 1949 wurde die Weiterentwicklung Z4 an der ETH Zürich aufgestellt.

Glossar

AdW <u>A</u>kademie <u>d</u>er <u>W</u>issenschaften in Berlin-Adlershof.

Agfa <u>A</u>ktiengesellschaft <u>f</u>ür <u>A</u>nilinfabrikation, später Markenzeichen für die Filme aus Wolfen. Nach 1964 erfolgte die Umbenennung der Firma und des Warenzeichens von Agfa zu **ORWO.**

AHMOS <u>a</u>utomatisierte <u>h</u>euristische <u>M</u>odellierung <u>o</u>rganisch chemischer <u>S</u>ynthesen, Software-Entwicklung zur Syntheseplanung von *A. Weise* AdW Berlin-Adlershof

Akademgorodok südöstlicher Stadtteil von Nowosibirsk, direkt am Ob-Stausee gelegen, 1957 als Stadt der Wissenschaften gegründet, mit Sitz der Sibirischen Abteilung der Akademie der Wissenschaften der UdSSR (heute Republik Russland).

Ames-Test biologischer Test mit der Bakterienart Salmonelle typhimurium zur Bestimmung mutagener Eigenschaften chemischer Substanzen.

Big data Begriff für eine Datenmenge, die zu groß, zu komplex oder zu schnelllebig ist, um sie mit herkömmlichen Methoden der Datenverarbeitung auszuwerten.

Bit aus <u>bi</u>nary di<u>git</u> gebildeter Begriff, u. a. Maßeinheit digitaler Datenmengen.

BImSchG <u>B</u>undes-<u>I</u>mmissions<u>sch</u>utz <u>G</u>esetz, Teil des Umweltrechtes, regelt den Schutz von Lebewesen aller Art und Kulturgütern vor Immissionen. Gesetz regelt u. a. auch die Herstellung chemischer Produkte ab einer Menge von 1 t.

Brabag <u>Bra</u>unkohle <u>B</u>enzin <u>AG,</u> Pflichtgemeinschaft der Braunkohlenindustrie auf der Basis des sogenannten Benzinvertrages von 1934 zwischen dem IG-Farben Konzern und dem NS-Staat.

BSL Firmenlogo aus den Abkürzungen von <u>B</u>una <u>S</u>ow <u>L</u>euna, Olefinverbund GmbH, unter Treuhandverwaltung von 1990 bis 1995, durch Vereinigung der Werke von: Buna in Schkopau, der **SOW** in Böhlen und einem Teil der ehemaligen Leuna-Werke (Leuna II) hervorgegangene Firmenfusion, heute Olefinverbund von Dow Chemical.

Buna Kunstwort aus dem ersten Polymerisationsverfahren für Synthesekautschuk <u>Bu</u>tadien-<u>Na</u>trium abgeleitet.

Byte Maßeinheit in der Digitaltechnik. 1 Byte, Symbol B, steht für eine Folge von 8 bit als Ausdruck für die kleinste adressierbare Einheit eines Rechners.

CAD/CAM <u>c</u>omputer <u>a</u>ided <u>d</u>esign bzw. <u>c</u>omputer <u>a</u>ided <u>m</u>anufactoring, computergestützter Entwurf bzw. computergestützte Fertigung.

© Springer-Verlag GmbH Deutschland, ein Teil von Springer Nature 2019
B. Adler, *Computerapplikationen in der Mitteldeutschen Chemieregion – ein historischer Abriss*, https://doi.org/10.1007/978-3-662-59056-0

Carbidfabriken in den Buna-Werken arbeiteten zwei Carbidfabriken mit insgesamt 12 Carbidöfen und erzeugten bis 1990 ca. 1 Mio t/a Calciumcarbid, der zu Ethin umgesetzt wurde.

CASAF Computer assistierte Synthese und Anwendungsforschung, CAD-System zur Syntheseforschung des VEB Chemiekombinates Bitterfeld.

CCC Computer Chemistry Centrum, Forschungszentrum für Computerchemie an der Universität Nürnberg-Erlangen in Erlangen.

CG Chemische Gesellschaft der DDR von 1953 bis 1990, mit Verwaltungssitz in Berlin.

Chemiedreieck Bezeichnung für die Mitteldeutsche Chemieregion, die die Chemiebetriebe um die Städte Halle, Merseburg und Bitterfeld/Wolfen umfasste.

Chemiepark Bitterfeld-Wolfen 300 Firmenansiedlungen in fünf Arealen auf 1200 ha Gelände, u. a. mit den Fimen: Akzo Nobel, Bayer Bitterfeld, Hanwha Q-Cells, Heraeus Quarzglas, IBA Ionenaustauscher, Miltitz Aromatics, P-D Glasseide, ORWO Net.

CIC Computer In Chemistry, Fachgruppe für Computerchemie in der GdCH Frankfurt/Main.

CKB Chemiekombinat Bitterfeld Zusammenschluss verschiedener Chemiebetriebe mit Stammsitz in Bitterfeld, existierte von 1969 bis 1990.

CKW Chlorierte Kohlenwasserstoffe, die Produktion aliphatischer CKW als Lösungsmittel wurden in Buna ab 1991 eingestellt. Nur zur PVC-Produktion mussten die beiden Vorstufen: 1,2-Dichlorethan und Vinylchlorid, auch als VC bzw. EDC bezeichnet, weiter produziert werden.

CLG VEB Chemieanlagenbau Leipzig-Grimma, 1979 gegründetes Kombinat für Chemieanlagenbau an verschiedenen sächsischen Standorten wie: Böhlen, Leipzig und Grimma.

CPBS-Test carcinogenicity prediction and battery selection, Methode zum Austesten mutager Wirkungen durch verschiedene, voneinander unabhängige biologische Kurzzeitprüfverfahren.

^{13}C-NMR siehe NMR-Spektroskopie

crisp scharf, hart, gemeint sind mathematische Entscheidungen auf Basis der zweiwertigen Logik, also von Ja-Nein-Entscheidungen.

Computer siehe **Rechner**

Dedicatedrechner programmierbare Kleinrechner zur Datenerfassung und Auswertung, mitunter Steuerung analytischer Messgeräte, meist Spektrometer.

DECHEMA gemeinnützige Gesellschaft für Chemische Technik und Biotechnologie mit Sitz in Frankfurt.

DETHREM Datenbank für thermodynamische und thermophysikalische Daten für Reinststoffe und Gemische. Datenquellen waren u. a. die Elektrolytdatenbank Regensburg, Infotherm FIZ Chemie, Basisdatenbank der SOWA Böhlen sowie der Dortmunder Datenbank. DETHERM wird über den Internetservice der **DECHEMA** vertrieben und verfügt derzeit über 11,3 Mio. Datensätze.

DHMO Differenz der _Hückel_schen Molekülorbitale, Energiedifferenz zwischen dem höchst besetzten und dem niedrigsten unbesetzten Molekülorbital.

Dow Chemical US Chemiekonzern, der 1995 die BSL-Betriebe von der Treuhand übernahm.

EDC Ethylendichlorid, Laborjargon für 1,2-Dichlorethan, der Vorstufe der VC-Produktion. Obwohl die karzinogene Wirkung von EDC u. a. auch durch Computersimulation bekannt war, wurde bis zum CKW-Verbot das EDC in der Therapie noch als Rheumamittel zum Einreiben verabreicht.

EKB Elektrochemisches Kombinat Bitterfeld, Firmenbezeichnung der Bitterfelder Chemiewerke bis 1969, danach in CKB umbenannt.

EO-Zahl Epoxidoxiran-Zahl, prozentualer Anteil an Oxyransauerstoff im Molekül bei Fetten bzw. Fettsäuren.

ESR-Spektroskopie Elektronenspinresonanz Spektroskopie, synonym auch mit der englischen Abkürzung als EPR-Spektroskopie, abgeleitet von electron paramagnetic resonance, bezeichnet, untersucht das magnetische Verhalten ungepaarter Elektronen, bei radikalischen Verbindungen.

EPS expandiertes Polystyren, Schaumstoffgranulat zur Dämmstoffproduktion.

ESER Einheitliches System Elektronischer Rechentechnik, seit 1969 einheitliche Rechentechnik in RWG Staaten. Die Typenbezeichnung der Rechner mit „EC" ergibt sich aus dem kyrillischen Anfangsbuchstaben für das Wort „System".

FAKIR Fakteninformationsrecherchesystem, Datensystem für Forschungs-, Informations- und Dokumentation.

(F)CKW-Verbot (Fluor)Chlorkohlenwasserstoffe, Verordnung zum Produktionsverbot von bestimmten, die Ozonschicht abbauenden Halogenkohlenwasserstoffen vom August 1991.

FIZ Fachinformationzentrum **Chemie**

FRS CWD Faktenrecherchesystem für chemiewirtschaftliche Daten, Datensystem für Leuna und Buna, von den Leuna-Werken konzipiert und organisiert.

Fuzzy-Set-Theorie, Logik, die mit unscharfen Mengen sowie Zahlen zwischen Null bis Eins operiert, eine Entscheidungsfindung über Zugehörigkeitsfunktionen ableitet, aber auch die dualen, **crispen** Ereignisse als Grenzfälle mit einbezieht.

GEDA Gesellschaft für Datenverwaltung mbH in der Griesheimstraße in Bitterfeld, Gebäude des ehemaligen ersten Rechenzentrums im EKB.

GLP Gute Laborpraxis, Vorschriftensammlung zum organisatorischen Ablauf, den Prüfungen, der Ergebnisbewertung und Dokumentation von Laborprüfverfahren

GUS Gemeinschaft unabhängiger Staaten, nach dem Zerfall der Sowjetunion am 8.12.1991 gegründeter Staatenbund ehemaliger Sowjetrepubliken mit wechselnder Zusammensetzung.

HMO *Hückel*sche Molekülorbitale, quantenmechanische Bezeichnung von Energieniveaus bei Aromaten nach *Hückel*.

HOMO highest occupied molecular orbital, höchst besetztes Molekülorbital.

HKA Hauptkomponenten Analyse, mathematisches Verfahren zur Datenanalyse durch Bildschirmprojektionen.

HSAB hard and soft acids and bases, auch als Pearson-Konzept bezeichnet, dient zur Klassifizierung von Säuren und Basen in der Chemie.

^{1}H-NMR-Spektroskopie siehe NMR-Spektroskopie

IARC International Agency for Research on Cancer, Internationales Referenzzentrum für Krebsforschung der WHO in Lyon, das eine quellenkritische Bewertung karzinogener Wirkungen chemischer Substanzen in den sogenannten Monographs fortschreibt.

IG-Farben AG Interessengemeinschaft Farbindustrie im Jahre 1925 aus den Firmen: Bayer, Hoechst, BASF, Agfa, Elektron Grießheim und Chem. Fabrik Weiler Ter Mer gegründet Aktiengesellschaft, 1945 von den Alliierten aufgelöst.

IR-Spektroskopie Infrarotspektroskopie, durch Anregung von Schwingungen der Moleküle nach Wärmeeinstrahlung im Infrarotbereich bei Wellenzahlen von $100 - 4000$ cm^{-1}.

Königsberger Brückenproblem graphentheoretisches Postulat von *Leonard Euler*, das besagt, dass man über die sieben Königsberger Brücken, die die Dominsel mit dem rechten und linken Pregelufer verbinden, nicht in einem geschlossenen Kantenzug gehen kann.

LDPE low density Polyethylen, PE mit Dichten im Bereich 0,915 bis 0,935 g/cm^3.

Lean Production in der chemischen Industrie eine Produktion ohne nennenswerten Regeleingriff mit hochreinen Rohstoffen, die zu homogenen Produkten führt.

Leuna Ortsname einer Gemeinde südlich von Merseburg, später für die Industrieanlagen der Ammoniakwerke Merseburg als Firmenname eingeführt.

LUMO lowest unoccupied molecular orbital, unbesetztes Molekülorbital mit der niedrigsten Energie.

MS-Spektroskopie Massenspektroskopie, eigentlich Massenfragmentation von Molekülen nach Elektronenstoßanregung.

MLU M̲artin-L̲uther-U̲niversität Halle-Wittenberg mit Verwaltungssitz in Halle und Lehrstätten in Halle und Wittenberg.

MRT M̲agnetr̲esonanzt̲omographie, bildgebendes Verfahren zur medizinischen Diagnostik auf Basis der ^{1}H-NMR-Spektrokopie.

NE-Metalle N̲icht-E̲isenmetalle, gemeint sind z. B. die Herstellung von Al, Mg, Ce und einer Vielzahl von Legierungen der genannten Metalle im CKB in Bitterfeld.

NIT N̲icht̲ionogene T̲enside, Tenside ohne dissoziierbare funktionelle Gruppen, z. B. Fettalkoholethoxylate und -propxylate.

NIZ N̲autschnij I̲nformationij Z̲entr, Informationszentrum im Organischen Institut in Akademgorodok, das spektroskopische Daten sammelte und Recherchen zur Strukturaufklärung auch für Dritte als Dienstleistung ausführte.

NMR-Spektroskopie, Spektroskopie durch Resonanz der ^{1}H- oder ^{13}C- Isotope in einem homogenen äußeren Magnetfeld bei Einstrahlung von HF-Feldern.

ORWO O̲riginal W̲olfen, Bezeichnung der ehemaligen Agfa-Filmfabrik in Wolfen, sowie neues Markenzeichen für die Produkte nach 1964.

QSWA Q̲uantitative-S̲truktur-W̲irkungs-A̲ktivitäten entspricht den im Kap. 5 abgehandelten **SER**-Beziehungen.

PA P̲oly̲amid, synthetischer thermoplastischer Kunststoff aus Carbonsäure- und A-mineinheiten u. a. zur Faserherstellung. Markenname für die Fasern in der DDR war Dederon.

PAK P̲olycyclische A̲romatische K̲ohlenwasserstoffe

PC p̲rincipal c̲omponent Hauptkomponente, Begriff für die nach Koordinatentransformation entstandene, neue Koordinate.

PER P̲erchlorethylen, Fettlösemittel, lange Zeit in der Textilreinigung verwendet, ab 1992 im Rahmen des FCKW-Verbotes nicht mehr zulässige Chemikalie.

PET P̲oly̲ethylent̲erephthalat, folienbildender, nicht biologisch abbaubarer Polyesterkunststoff.

Problema mosti Kaliningrada siehe **Königsberger Brückenproblem**

PTB P̲hysikalisch T̲echnische B̲undesanstalt Braunschweig, besonders bekannt ist die Forschungseinrichtung durch die gesetzliche Zeitfestlegung.

RDS R̲eaction D̲esign S̲oftware, Software zur Syntheseplanung von *Weise*.

Ramanspektroskopie, Untersuchung von Molekülbewegungen, z. B. Molekülschwingungen, nach Anregung durch einen Streuprozess, nach ihrem Entdecker Sir C. V. Raman benannt. Die Molekülbewegungen sind identisch mit jenen durch Wärmestrahlung angeregten der IR-Spektroskopie. IR- und Ramanspektroskopie liefern bei hochsymmetrischen Strukturen alternative Schwingungen; die symmetrischen sind Raman-aktiv, die unsymmetrischen IR-aktiv. Die in der einen Methode auftretenden Schwingungen sind dann in der jeweils anderen Symmetrie verboten (Alternativverbot). D. h. die Schwingungen treten in der einen bzw. anderen Untersuchungsmethode immer nur alternativ auf.

Rechner im Text meist mit dem englischen Wort „Computer" bezeichnet. Eine Übersicht über die Firmen- und Typenbezeichnung der im Text vorkommenden Rechner sowie je zwei Leistungsparameter der genannten Typen sind in Tab. 9.2 gegeben. Die Einteilung in Groß- und Kleinrechner muss man im betrachteten Zeitintervall der Jahre 1970 bis 2000 sehen.

Tab. 9.2: Rechnertypen, Hersteller und Leistungsparameter

Bezeichnung	Typ	Wortlänge in Bit	Speicher in K Bytes	Hersteller
[1] KC85/2 bis 4	MR[1]	8	64	VEB Mikroelektronik Mühlhausen
[2] R 300	GR[2]	variabel	max. 128	Rafena Radeberg, später VEB Robotron-Elektronik
[3] R 21	GR[2]	variabel	32 oder 64	VEB Robotron-Elektronik Radeberg
[4] KRS4301	MR[1]	16	6,16, 32	VEB Robotron-Elektronik Radeberg
[5] PC 1715	MR[1]	8	64 mit Erweiterungen	VEB Büromaschinenwerk Sömmerda
[6] EC 1040, EC 1055, EC 1056	GR[2]	32	256 bis 1000	VEB Robotron-Elektronik Radeberg
[7] Schneider -PC CPC6/64	MR[1]	16	64	Amstrad
[8] Prozessrechner R 4000	PR[3]	16	16 oder 32	VEB Robotron-Elektronik Radeberg
[9] Honeywell DDP 516	PR[3]	16	64	Honeywell Computer Control Division U.S.A.

[1] Mikrorechner, [2] Großrechner, [3] Prozesssteuerrechner

Robotron Kunstwort aus Roboter und Elektronik. Der Betrieb VEB Kombinat Robotron mit Stammsitz in Dresden wurde am 1.4.1969 gegründet und war Computerhersteller und Entwickler von Informationstechnologien. 23 weitere Elektronikbetriebe gehörten dem Unternehmen an, u. a. der VEB Bürotechnik Karl-Marx-Stadt, der VEB Elektronik Radeberg, der VEB Büromaschinen Sömmerda und der VEB Optima Büromaschinen Erfurt.

SAG Sowjetische Aktiengesellschaft, Verwaltungsform von Großbetrieben, u. a. für alle großen Chemiebetrieben in der sowjetischen Besatzungszone, im Jahre 1946 mit dem Ziel gegründet, Reparationsleistungen in Form von Warenlieferungen an die UdSSR zu koordinieren. Bis auf die Wismut SDAG (Sowjetisch-Deutsche Aktiengesellschaft) wurden mit der Einstellung der Reparationsleistungen alle SAG-Betriebe am 1.1.1954 in die Rechtsform der **VEB** überführt.

Salzkohle Kohle aus dem Braunkohlenfeld Merseburg-Ost, die über dem Dürrenberger Salzstock liegt.

Sdbig Verschiebung, aus dem Russischen von cdbignut für „verschieben", abgeleiteter Begriff für die Signale in der NMR-Spektroskopie.

SEV Sekundär Elektronen Vervielfacher, ersetzt z. B. die Signalaufzeichnung mittels Photoplatten in der Massen-, UV/VIS- bzw. Ramanspektroskopie.

SER Struktur-Eigenschafts-Relationen Arbeitsmethode, die aus vorgegebenen Molekülgraphen Eigenschaften generiert.

single ion monitoring, Begriff aus der Massenspektroskopie, zur Beschreibung eines ausgesuchten Peaks, z. B. bei Dioxinanalysen der Molekülpeak.

SOW Sächsisches Olefinwerk Böhlen, aus dem 1936 von der Brabag gegründeten Hydrierwerk zur Erzeugung von Benzin aus Braunkohle bzw. dem späteren VEB Kombinat Böhlen hervorgegangener Olefinverbund, heute Tochter der Fa. Dow Chemical.

SPRESI Speicherung und Recherche strukturchemischer Information, Datenbank für chemische Daten. Die Datenbank enthält 5,8 Mio. Strukturen, 4,6 Mio. chemische Reaktionen und >170 T Patente und wurde ab 1974 vom VEB **ZIC** Berlin in Zusammenarbeit mit dem russischen Institut **Winiti** aufgebaut. Seit 1990 verwaltet die Info-Chem GmbH München diesen Datenfond.

Stern von Bethlehem Himmelserscheinung, die zunächst fälschlicherweise als heilsbringender Komet gedeutet wurde. J. *Keppler* konnte bereits am Weihnachtstag 1603 zeigen, dass diese Erscheinung durch eine äußerst seltene Hyperkonjugation der Planeten – Jupiter, Saturn und Merkur – zustande kommt.

Synthon verallgemeinerte strukturelle Einheit in Molekülen zur Abbildung von Syntheseschritten.

Thesaurus altgriechisch Schatz, auch als Wortnetz bezeichnet, charakterisiert in den Dokumentenwissenschaften Begriffe, die durch Relationen miteinander verbunden sind in: Synonyme, Ober- oder Unterbegriffe. Ein Thesaurus dient zum Indexieren, Speichern und Wiederauffinden von Dokumenten in der rechnergestützten Verwaltung bibliographischer Daten.

TDES Thiodiessigsäure, synonym auch Thiodiglycolsäure genannt, tritt bei VC-Expositonen in Personen als Metabolit im Urin auf. Aus der Konzentration an TDES im Urin kann auf die Stärke der Exposition geschlossen werden.

THLM Technische Hochschule Leuna-Merseburg, Hochschule am 1.9.1954 in Merseburg mit den Fakultäten: Ingenieurökonomie, Stoffwirtschaft und Verfahrenstechnik gegründet und am 31.3.1993 ohne Rechtsnachfolge aufgelöst. Allein in der Fakultät für

112

Stoffwirtschaft wurden Mitte der 70er-Jahre 480 Studenten pro Jahr zum Chemiestudium immatrikuliert.

TLL Thüringische Landesanstalt für Landwirtschaft, Pflanzenbauzentrum zur Sortenprüfung, zu Anbautechniken, zu nachwachsenden Rohstoffen und zum Ökolandbau mit Sitz in Dornburg bei Jena.

UV/VIS-Spektroskopie, Absorptionsspektroskopie im Ultravioletten bzw. sichtbaren (visuable) Wellenbereich bei Wellenlängen von 200 bis 800 nm durch Elektronenanregung.

VEB Volkseigene Betriebe, Bezeichnung für verstaatlichte Betriebe in der ehemaligen DDR.

VSEPR-Modell Valence Shell Electron Pair Repulsion, Abstoßungsmodell der Valenzelektronen. Das Modell führt die räumliche Gestalt von Molekülen oder Molekülteilen auf abstoßende Kräfte zwischen den Elektronenpaaren in der Valenzschale zurück.

VC Vinylchlorid, Monomer zur PVC-Herstellung.

Ward-Clusterung, Mustererkennungsverfahren, bei dem man mit den Quadraten der Distanzwerte arbeitet. Dadurch werden sehr kleine Werte >> 1 gestaucht, umgekehrt große Distanzen noch weiter auseinandergezogen. Das Clustogramm weist Ähnlichkeiten bzw. Unähnlichkeiten optisch besser aus als Clusterungen mit Euklidischen Distanzen.

WINITI Abkürzung aus den russischen Worten Wserossiskij Institut Nautschnoi i technitscheskoi Informazii für Gesamtrussisches Institut für wissenschaftliche und technische Informationen, im Jahre 1952 in Moskau gegründet. WINITI sammelt und verarbeitet Informationen aus der Mathematik, Informatik, Physik, Chemie, Elektrotechnik und den Wirtschaftswissenschaften. WINITI arbeitet seit 2001 mit dem FIZ Chemie zusammen. Die Daten von WINITI fließen u. a. auch in die Datenbank **DETHERM** ein, der weltweit größten Datenbank für thermophysikalische Daten.

WTW Wissenschaftlich-Technische Werkstätten in Weilheim Oberbayern, Hersteller von Messgeräten zur Wasseranalytik sowie on-line Messtechnik.

ZFI Zentrum für Information der Leuna-Werke

ZIC Zentrale Informationsverarbeitung Chemie

Index

© Springer-Verlag GmbH Deutschland, ein Teil von Springer Nature 2019
B. Adler, *Computerapplikationen in der Mitteldeutschen Chemieregion – ein historischer Abriss*, https://doi.org/10.1007/978-3-662-59056-0

Springer

Willkommen zu den Springer Alerts

Jetzt anmelden!

- Unser Neuerscheinungs-Service für Sie:
  aktuell *** kostenlos *** passgenau *** flexibel

Springer veröffentlicht mehr als 5.500 wissenschaftliche Bücher jährlich in gedruckter Form. Mehr als 2.200 englischsprachige Zeitschriften und mehr als 120.000 eBooks und Referenzwerke sind auf unserer Online Plattform SpringerLink verfügbar. Seit seiner Gründung 1842 arbeitet Springer weltweit mit den hervorragendsten und anerkanntesten Wissenschaftlern zusammen, eine Partnerschaft, die auf Offenheit und gegenseitigem Vertrauen beruht.

Die SpringerAlerts sind der beste Weg, um über Neuentwicklungen im eigenen Fachgebiet auf dem Laufenden zu sein. Sie sind der/die Erste, der/die über neu erschienene Bücher informiert ist oder das Inhalts-verzeichnis des neuesten Zeitschriftenheftes erhält. Unser Service ist kostenlos, schnell und vor allem flexibel. Passen Sie die SpringerAlerts genau an Ihre Interessen und Ihren Bedarf an, um nur diejenigen Informa-tion zu erhalten, die Sie wirklich benötigen.

Mehr Infos unter: springer.com/alert

Printed in the United States
By Bookmasters